Christian Schlieder

Autodesk® Inventor® 2012
Einsteiger-Tutorial

Viele praktische Übungen am
Konstruktionsobjekt HUBSCHRAUBER

Christian Schlieder

Autodesk® Inventor® 2012
Einsteiger-Tutorial

Viele praktische Übungen am
Konstruktionsobjekt HUBSCHRAUBER

Weiterführende Literatur

Inventor® Grundlagen in Theorie und Praxis	Autodesk® Inventor® Aufbaukurs Konstruktion	Autodesk® Inventor® Einsteiger-Tutorial Hybridjacht
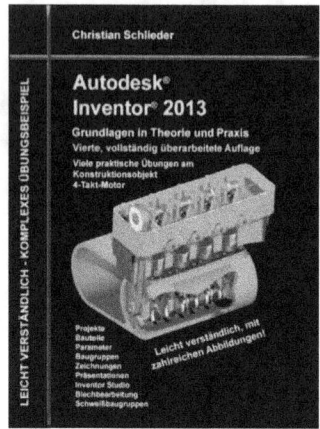		
ISBN: 9783848207763	ISBN: 9783848203680	ISBN: 9783848220731
24,95 Eur	12,95 Eur	12,95 Eur

Frontal-Schulung

Frontal-Schulungen können in Ihrer Firma oder in unseren Räumlichkeiten in Berlin stattfinden. Jeder Teilnehmer erhält eigene Schulungsunterlagen, die Schritt für Schritt abgearbeitet werden. Der Trainer klärt Fragen direkt und ausführlich an den einzelnen Arbeitsplätzen, wodurch eine intensive und individuelle Betreuung möglich ist.

Gern senden wir Ihnen einen Kostenvoranschlag.

Kostenlose Videos auf www.YouTube.com

Viele Übungen aus unseren Büchern stehen kostenlos als Videos auf der folgenden Website zur Verfügung:

http://www.youtube.com/user/DerCADTrainer

Dieses Buch wurde durch Autodesk® geprüft und zertifiziert. Alle im Buch enthaltenen Informationen wurden nach bestem Wissen und Gewissen geprüft.

Da Fehler nicht ausgeschlossen werden können, übernehmen Autor und Verlag weder Verantwortungen, Verpflichtungen oder Garantien jeglicher Art, noch Haftung für die Benutzung der bereitgestellten Informationen. Autor und Verlag übernehmen keine Gewähr dafür, dass die beschriebenen Vorgehensweisen oder Verfahren frei von Rechten Dritter sind.

Das Werk ist urheberrechtlich geschützt. Übersetzung, Nachdruck, Vervielfältigung, sonstige Verarbeitung des Buches oder von Teilen daraus sind ohne Genehmigung des Autors nicht erlaubt.

Autodesk® Inventor® 2012 ist ein eingetragenes Markenzeichen von Autodesk, Inc. und/ oder seiner Tochtergesellschaften und/oder der Tochterunternehmen in den USA und anderen Ländern.

© 2013 Christian Schlieder

ISBN

978-3-7322-3630-5

IMPRESSUM

Dipl.- Ing. Christian Schlieder
www.cad-trainings.de
Fax: +49 (0) 3212 - 1122290

HERSTELLUNG UND VERLAG

Books on Demand GmbH, Norderstedt
www.BoD.de

INHALTSVERZEICHNIS

1	**Einleitung**	**6**
1.1	Inhalt	6
1.2	Verwendete Befehle	6
1.3	Erzeugen eines zentralen Projektordners	7
1.4	Hilfedatei des Programms	7
1.5	Kostenlose Programmversion	7
2	**Anwendungsoptionen und Zusatzmodule**	**8**
3	**Steuerungstools und Maustasten**	**15**
3.1	Der ViewCube	16
3.2	Die Navigationsleiste	16
3.3	Die Funktionen der Maustasten	16
4	**Einzelbenutzer-Projekt erzeugen**	**17**
5	**Aufbau und Funktion des Spielzeughubschraubers**	**18**
6	**Bauteil: Rumpf-Unterteil**	**19**
6.1	Erstellen einer neuen Datei und Projizieren der Hauptachsen	19
6.2	Zeichnen einer zusammenhängenden Linienkontur	20
6.3	Setzen der Abhängigkeiten	21
6.4	Bemaßen der Linienkontur	22
6.5	Erzeugen einer versetzten Kopie der Linienkontur	25
6.6	Schließen der Kontur mittels Bogens durch drei Punkte	26
6.7	Ecken abrunden	27
6.8	Speichern der Datei	28
6.9	Extrudieren der Basiskontur	29
6.10	Zeichnen einer Subtraktionsgeometrie	30
6.11	Extrudieren der Subtraktionsgeometrie	32

	6.12	Material hinzufügen	33
	6.13	Spiegeln des letzten Arbeitsschrittes	34
	6.14	Konzentrisches Bohren der Zylinder	35
7	**Bauteil: Rumpf-Oberteil**		**37**
	7.1	Erstellen der neuen Datei und Zeichnen der Basiskontur	37
	7.2	Extrudieren der Basiskontur	39
	7.3	Zeichnen einer Subtraktionsgeometrie	40
	7.4	Extrudieren der Subtraktionsgeometrie	42
	7.5	Platzieren einer linearen Bohrung	43
	7.6	Platzieren einer konzentrischen Bohrung	44
8	**Bauteil: Landegestell**		**45**
	8.1	Erstellen der neuen Datei und Zeichnen der ersten Skizze	45
	8.2	Zeichnen der zweiten Skizze	46
	8.3	Erstellen des Sweeping-Objektes	47
	8.4	Spiegeln des Sweeping-Objektes	48
	8.5	Zeichnen weiterer Skizzen	49
	8.6	Erstellen des Sweeping-Objektes	51
	8.7	Runden des letzten Sweeping-Objektes	51
	8.8	Spiegeln des gesamten Volumenkörpers	52
9	**Bauteil: Hauptrotor**		**53**
	9.1	Erstellen der neuen Datei und Zeichnen der ersten Konturen	53
	9.2	Stutzen der Zeichenobjekte	54
	9.3	Volumenkörper mittels Extrusion erzeugen	55
	9.4	Zeichnen der zweiten Kontur	56
	9.5	Extrudieren einer Schnittmenge	59
	9.6	Erstellen einer weiteren Skizze	59
	9.7	Extrudieren des Kreises in Richtung des Volumenkörpers	60

10 Bauteil: Heckrotor — 61
10.1 Erstellen der neuen Datei und Zeichnen der ersten Konturen — 61
10.2 Erzeugen neuer Arbeitsebenen und weiterer Skizzen — 62
10.3 Ersten Bereich mittels Erhebung erzeugen — 66
10.4 Zweiten Bereich mittels runder Anordnung erzeugen — 67
10.5 Extrudieren des dritten Bereiches — 68

11 Bauteil: Turbinengehäuse — 70
11.1 Erstellen der neuen Datei und Zeichnen der ersten Kontur — 70
11.2 Volumenkörper durch Drehung erzeugen — 71
11.3 Erzeugen einer neuen Arbeitsebene — 72
11.4 Skizze zeichnen und Kontur extrudieren — 72
11.5 Runden der Außenkanten — 74

12 Bauteil: Turbineneinheit — 75
12.1 Erstellen der neuen Datei und Zeichnen der ersten Kontur — 75
12.2 Volumenkörper mittels Drehung erzeugen — 77
12.3 Zeichnen und Extrudieren einer weiteren Skizze — 77
12.4 Weitere Elemente mittels runder Anordnung erzeugen — 79
12.5 Erzeugen einer rechteckigen Anordnung — 80
12.6 Erzeugen einer Schnittmengen-Geometrie — 81
12.7 Runden der beiden Wellenenden — 82

13 Baugruppe: Hubschrauber — 84
13.1 Erstellen der neuen Datei und Platzieren des ersten Bauteils — 84
13.2 Platzieren der restlichen Bauteile — 85
13.3 Bauteil: Rumpf-Unterteil mit Abhängigkeiten versehen — 86
13.4 Bauteil: Rumpf-Oberteil mit Abhängigkeiten versehen — 89
13.5 Bauteil: Turbinengehäuse mit Abhängigkeiten versehen — 92
13.6 Bauteil: Turbineneinheit mit Abhängigkeiten versehen — 94
13.7 Bauteil: Hauptrotor mit Abhängigkeiten versehen — 95

13.8	Bauteil: Heckausleger aus der Baugruppe heraus erzeugen	97
13.9	Asymmetrisches Extrudieren der ersten Skizzenkontur	98
13.10	Erzeugen neuer Arbeitselemente (Achse, Ebenen)	99
13.11	Zeichnen und Extrudieren des hinteren Zylinders	100
13.12	Bohren mit konzentrischer Referenz	101
13.13	Zeichnen und Extrudieren einer senkrechten Geometrie	102
13.14	Zeichnen und Extrudieren einer waagrechten Geometrie	104
13.15	Zeichnen und Extrudieren der Anschlussgeometrie	105
13.16	Erzeugen einer Erhebung	107
13.17	Spiegeln der letzten beiden geometrischen Elemente	108
13.18	Runden einiger Kanten	109
13.19	Arbeitselemente ausblenden und zur Baugruppe zurückkehren	110
13.20	Bauteil: Heckrotor mit Abhängigkeiten versehen	110
13.21	Download des Bauteils: Kabine	112
13.22	Platzieren und Positionieren des Bauteils: Kabine	112

14 Einfügen der Schraubverbindungen   115

14.1	Schraubverbindung zwischen Kabine und Rumpf	115
14.2	Schraubverbindung zwischen Rumpf-Oberteil und -Unterteil	119
14.3	Schraubverbindung zw. Rumpf-Unterteil und Heckausleger	120
14.4	Schraubverbindung zwischen Landegestell und Rumpf	122
14.5	Schraubverbindung zw. Rumpf-Unterteil und Turbinengehäuse	124

15 Farbzuweisung und Rendering   127

15.1	Bauteile mit Farben versehen	127
15.2	Rendern der Baugruppe	127

16 Animation der beweglichen Bauteile   129

16.1	Setzen der Bewegungsabhängigkeiten	129
16.2	Setzen einer Winkelabhängigkeit	131
16.3	Animation der Rotationsteile	132

17	Schlusswort	**133**
18	Index	**134**
19	Befehlsübersicht	**138**

1 Einleitung

1.1 Inhalt

Dieses Buch ist ein Tutorial für **_Autodesk® Inventor® 2012_**. Anhand eines komplexen Übungsbeispiels lernt der Leser den Umgang mit dem Programm.

1.2 Verwendete Befehle

2D-Skizzen

- Abhängigkeiten
- Bemaßungen
- Bogen (3 Punkte)
- Drehen
- Ellipse
- Projizieren

- Konstruktion
- Kreis (Mittelpunkt)
- Linie
- Punkt
- Rechteck (2 Punkte)
- Rundung

- Skizze aufschneiden
- Spiegeln
- Stutzen
- Versatz

Bauteile

- 2D-Skizze erstellen
- Abhängigkeiten ableiten/ erstellen
- Arbeitsachsen
- Arbeitsebenen

- Bohrung
- Drehung
- Erhebung
- Extrusion
- Anordnungen

- Rundung
- Spiegeln
- Sweeping

Baugruppen

- Abhängig machen
- Abhängigkeiten animieren

- Bauteile aus Baugruppen heraus erstellen

- Farbüberschreibung
- Inventor Studio
- Schraubverbindung

Sonstige

- Anwendungsoptionen
- Benutzeroberfläche

- Maustasten
- Navigationsleiste
- Dateien erstellen

- Projekte
- ViewCube
- Zusatzmodule

Einleitung

1.3 Erzeugen eines zentralen Projektordners

Vor der eigentlichen Arbeit im Programm sollte auf dem PC ein neuer Ordner erstellt werden. Dieser Ordner wird als Projektordner dienen, in dem alle Komponenten dieser Projektarbeit gesichert werden. Erstellen Sie an einem geeigneten Speicherort einen neuen Ordner mit der Bezeichnung „*Inventor-2012-Hubschrauber*".

1.4 Hilfedatei des Programms

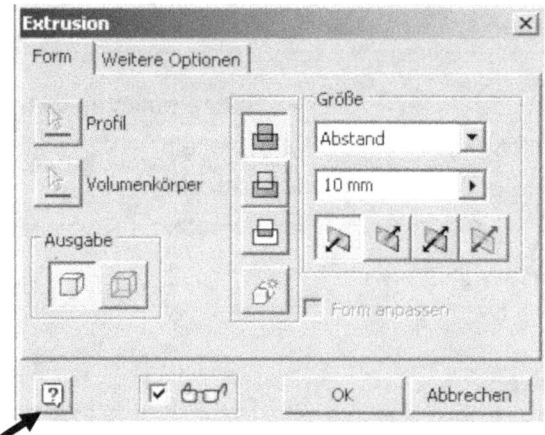

Das Programm beinhaltet eine umfassende Hilfedatei. Zusätzlich zu den Hilfen und Anmerkungen in diesem Buch kann diese zur Klärung offener Fragen verwendet werden. Achten Sie auf das kleine ⃝ *Fragezeichen* in den Befehlen des 3D-Bereiches. Wenn Sie darauf klicken, gelangen Sie automatisch in den entsprechenden Bereich der Hilfe. Bei manchen Befehlen (zum Beispiel im 2D-Bereich) ist dieser Button nicht verfügbar. Hier kann alternativ die Taste „*F1*" verwendet werden.

Die Hilfedatei greift automatisch auf das Internet zu, sofern das Programm eine Zugriffsberechtigung auf eine vorhandene Internetleitung besitzt. Sollte kein konstanter Internetzugang vorhanden sein, kann eine vollständige Hilfedatei kostenlos von der Autodesk-Website geladen und lokal installiert werden. Verwenden Sie hierfür den folgenden Link:

> *http://usa.autodesk.com/adsk/servlet/item?siteID=123112&id=18715627*

1.5 Kostenlose Programmversion

Studenten und Schüler können eine kostenlose Vollversion der jeweils aktuellen Version des Programms downloaden. Auf der Website

> *http://inventorfaq.blogspot.de/2012/08/inventor-kostenlos-herunterladen-und.html*

wird die genaue Vorgehensweise erläutert. Alle anderen Interessenten können ebenfalls eine kostenlose Version herunterladen, welche dann allerdings nur 30 Tage lang gültig ist.

Starten Sie jetzt das Programm *Autodesk® Inventor® 2012*.

2 Anwendungsoptionen und Zusatzmodule

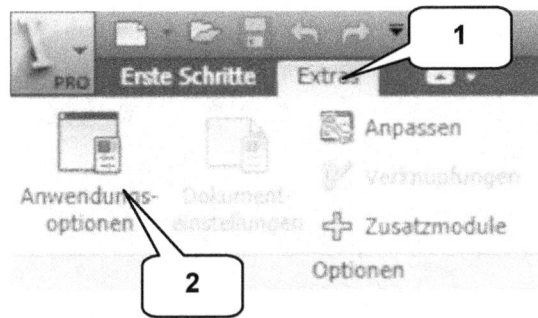

Um Missverständnisse zu vermeiden, werden im Folgenden die allgemeinen Einstellungen des Programms dargestellt, welche bei der Erarbeitung des vorliegenden Projektes verwendet wurden. Es wird empfohlen, diese zu übernehmen. Nach dem Programmstart ist hierfür ins Register **Extras** (1) zu wechseln.

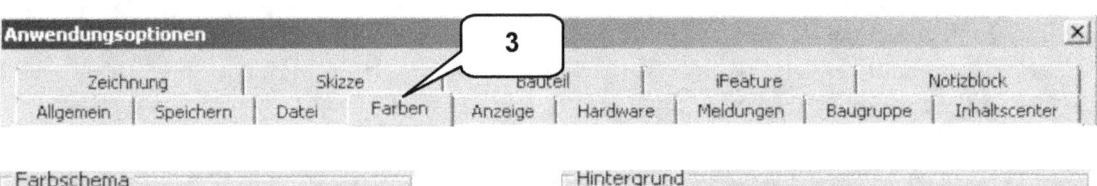

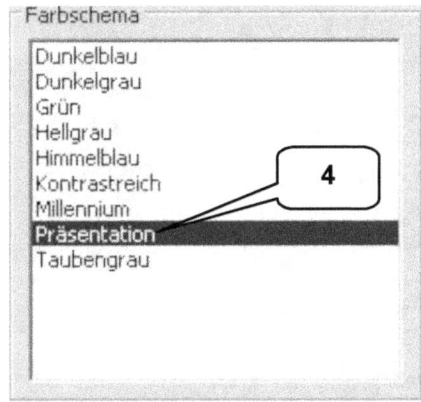
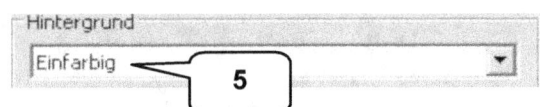

➢ Register: **Extras** (1)

➢ **Anwendungsoptionen** (2)
➢ **Reiter: Farben** (3)
➢ Farbschema: Präsentation (4)
➢ Hintergrund: Einfarbig (5)

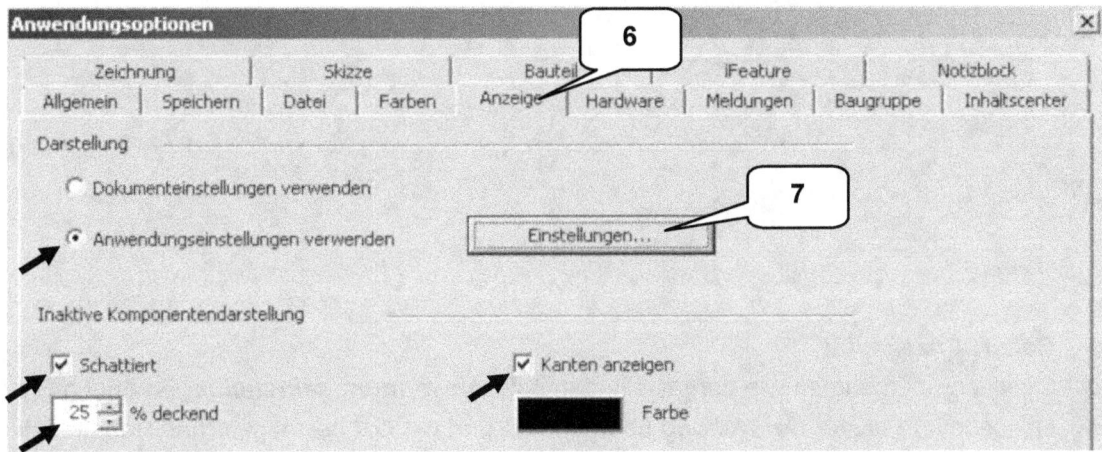

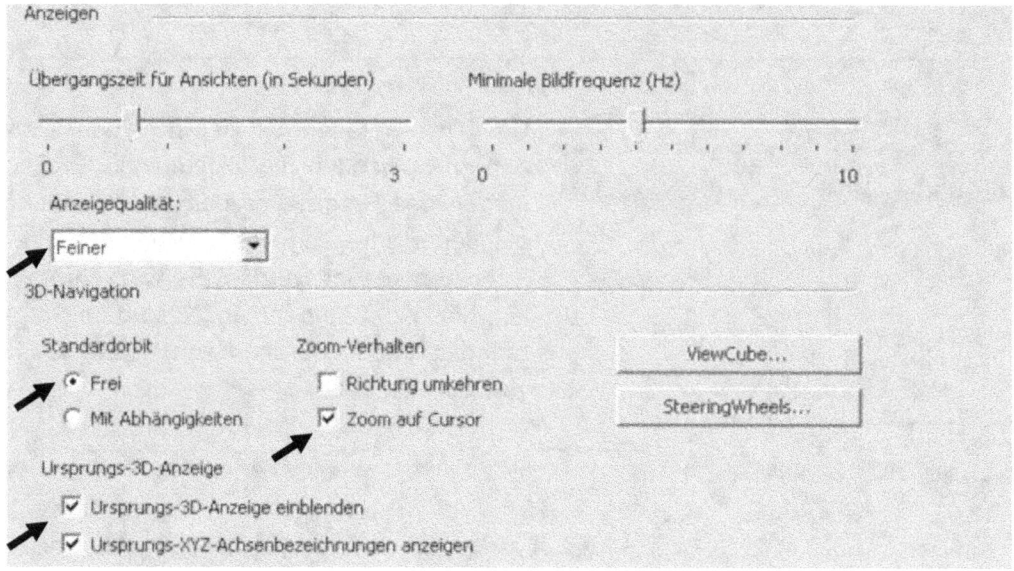

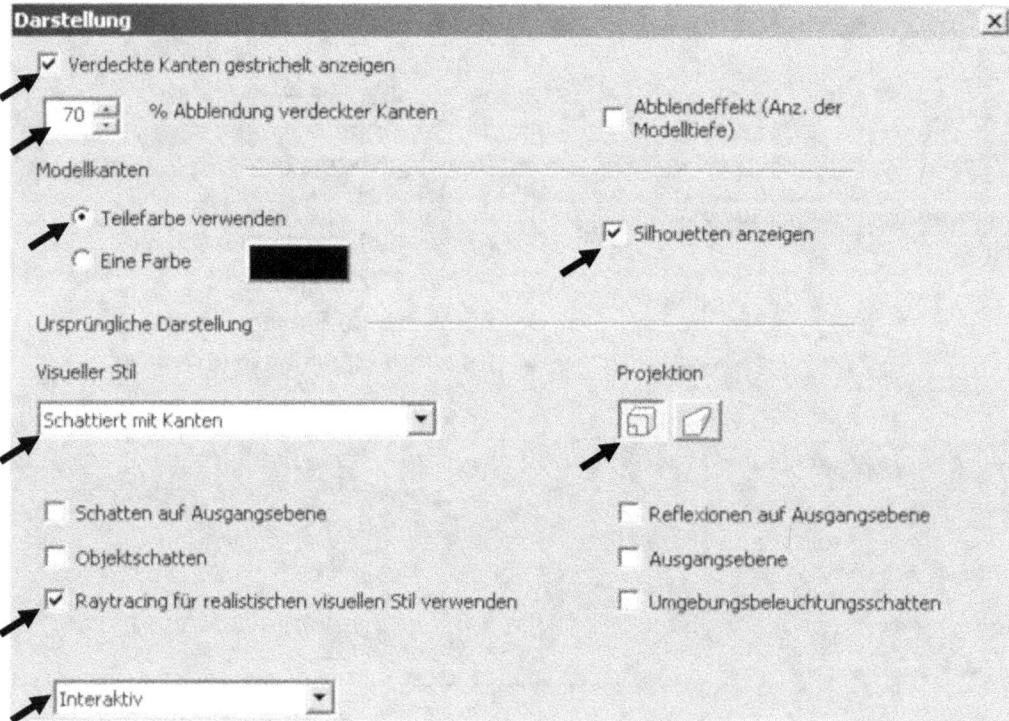

- ➢ **Reiter: Anzeige** (6)
- ➢ Optionen übernehmen wie dargestellt, dann die **Anwendungseinstellungen** öffnen (7)
- ➢ Optionen im Fenster **Darstellung** übernehmen und mit **OK** bestätigen (das Hauptfenster der Anwendungsoptionen dabei nicht schließen!)

Anwendungsoptionen und Zusatzmodule

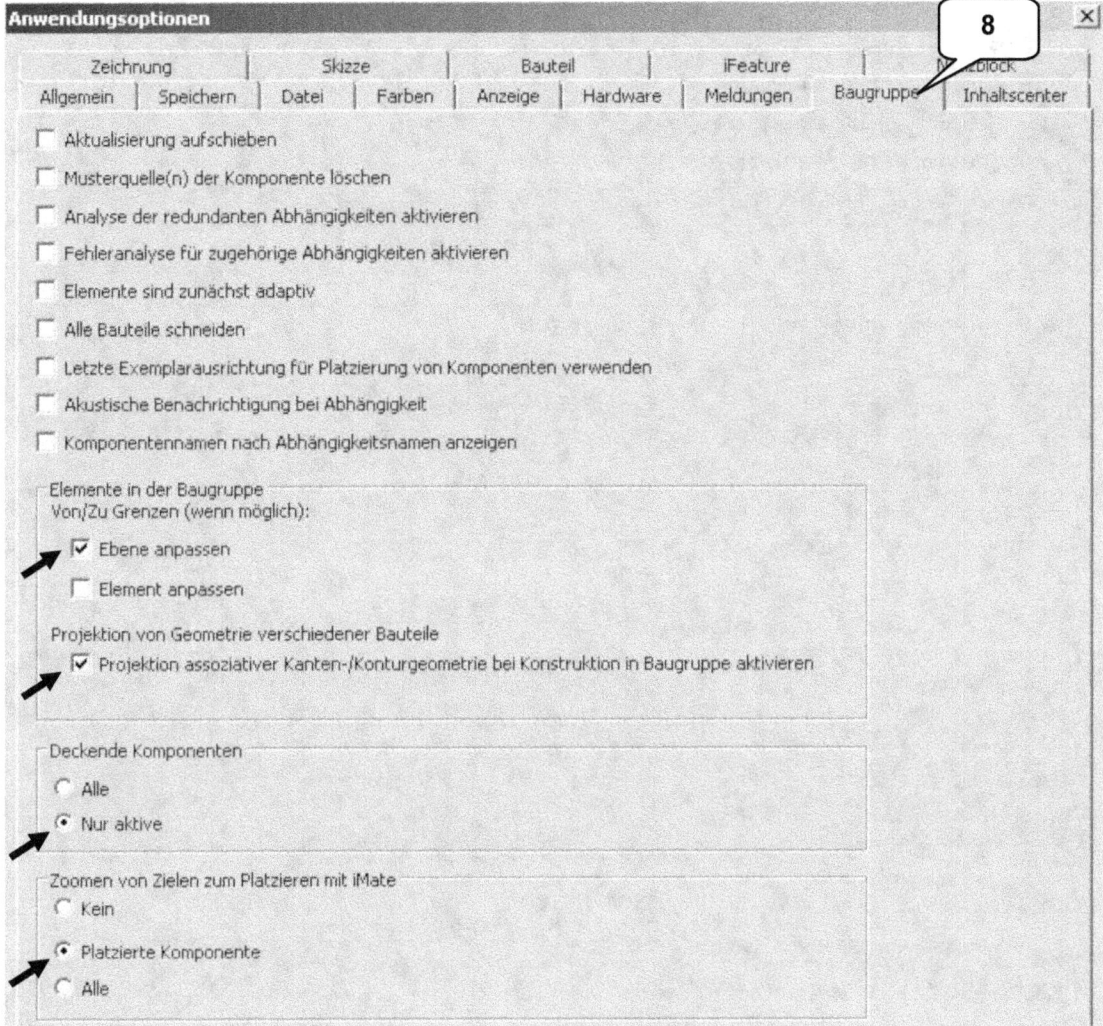

- ➢ **Reiter: Baugruppe** (8)
- ➢ Optionen übernehmen wie dargestellt

- ➢ **Reiter: Zeichnung** (9)
- ➢ Optionen übernehmen wie folgend dargestellt

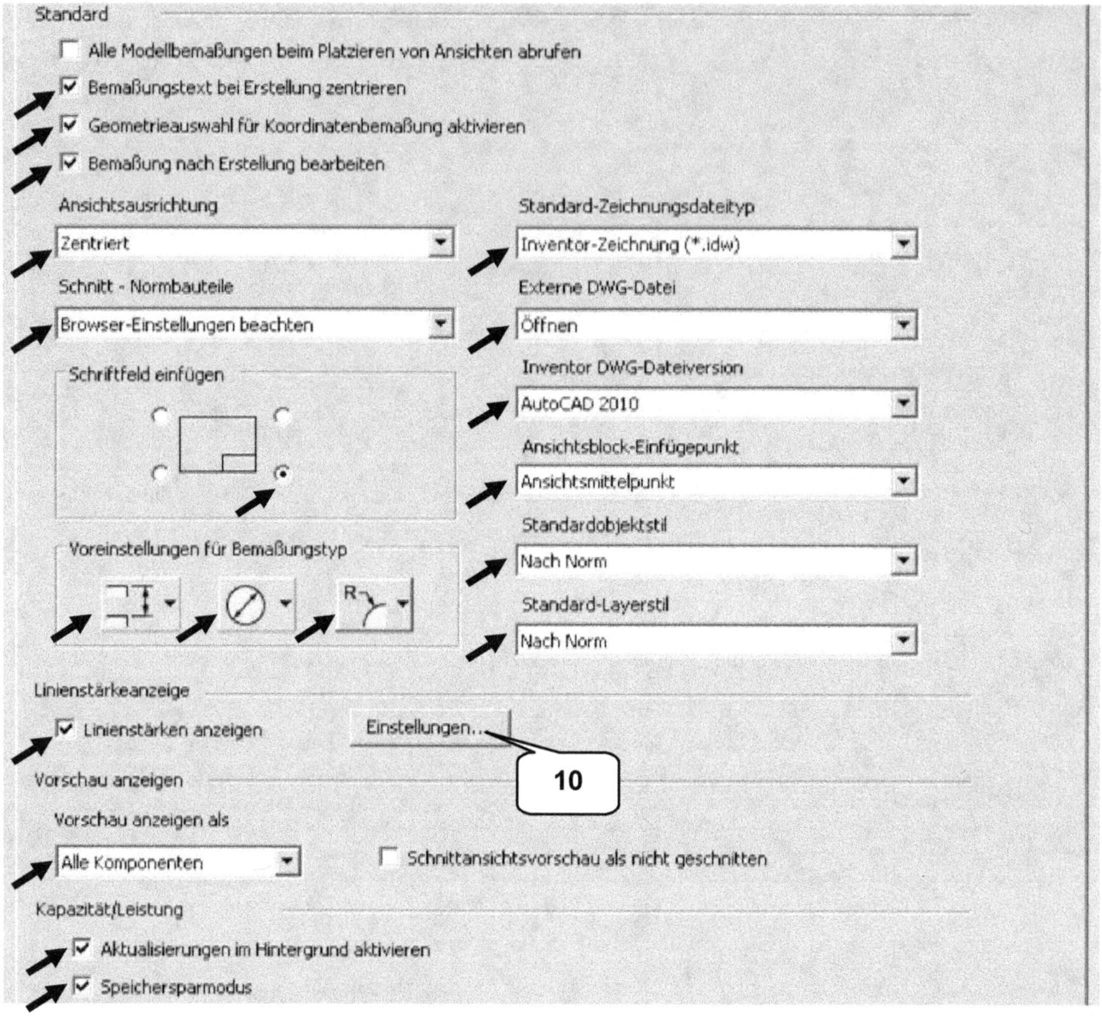

Anwendungsoptionen und Zusatzmodule

[Screenshot: Standard-Einstellungen für Zeichnungen mit markierten Optionen]

- Standard
  - ☐ Alle Modellbemaßungen beim Platzieren von Ansichten abrufen
  - ☑ Bemaßungstext bei Erstellung zentrieren
  - ☑ Geometrieauswahl für Koordinatenbemaßung aktivieren
  - ☑ Bemaßung nach Erstellung bearbeiten
  - Ansichtsausrichtung: Zentriert
  - Schnitt - Normbauteile: Browser-Einstellungen beachten
  - Standard-Zeichnungsdateityp: Inventor-Zeichnung (*.idw)
  - Externe DWG-Datei: Öffnen
  - Inventor DWG-Dateiversion: AutoCAD 2010
  - Ansichtsblock-Einfügepunkt: Ansichtsmittelpunkt
  - Standardobjektstil: Nach Norm
  - Standard-Layerstil: Nach Norm
- Linienstärkeanzeige
  - ☑ Linienstärken anzeigen — Einstellungen... (**10**)
- Vorschau anzeigen als: Alle Komponenten
  - ☐ Schnittansichtsvorschau als nicht geschnitten
- Kapazität/Leistung
  - ☑ Aktualisierungen im Hintergrund aktivieren
  - ☑ Speichersparmodus

> ***Linienstärkeneinstellungen*** (10)
> Werte im Fenster ***Linienstärkeneinstellungen*** übernehmen wie dargestellt und mit **OK** bestätigen (das Hauptfenster der Anwendungsoptionen dabei nicht schließen!)

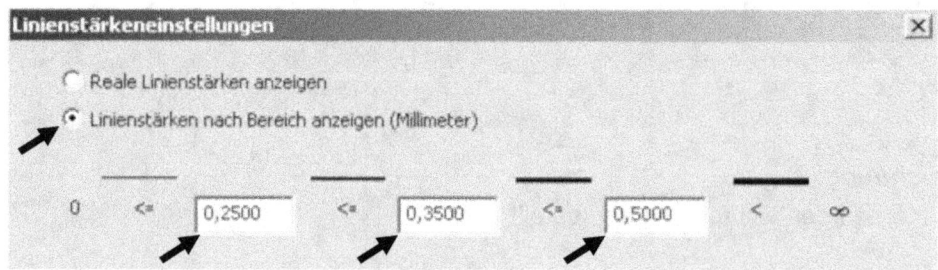

Linienstärkeneinstellungen:
- ○ Reale Linienstärken anzeigen
- ● Linienstärken nach Bereich anzeigen (Millimeter)
- 0 <= 0,2500 <= 0,3500 <= 0,5000 < ∞

Anwendungsoptionen und Zusatzmodule

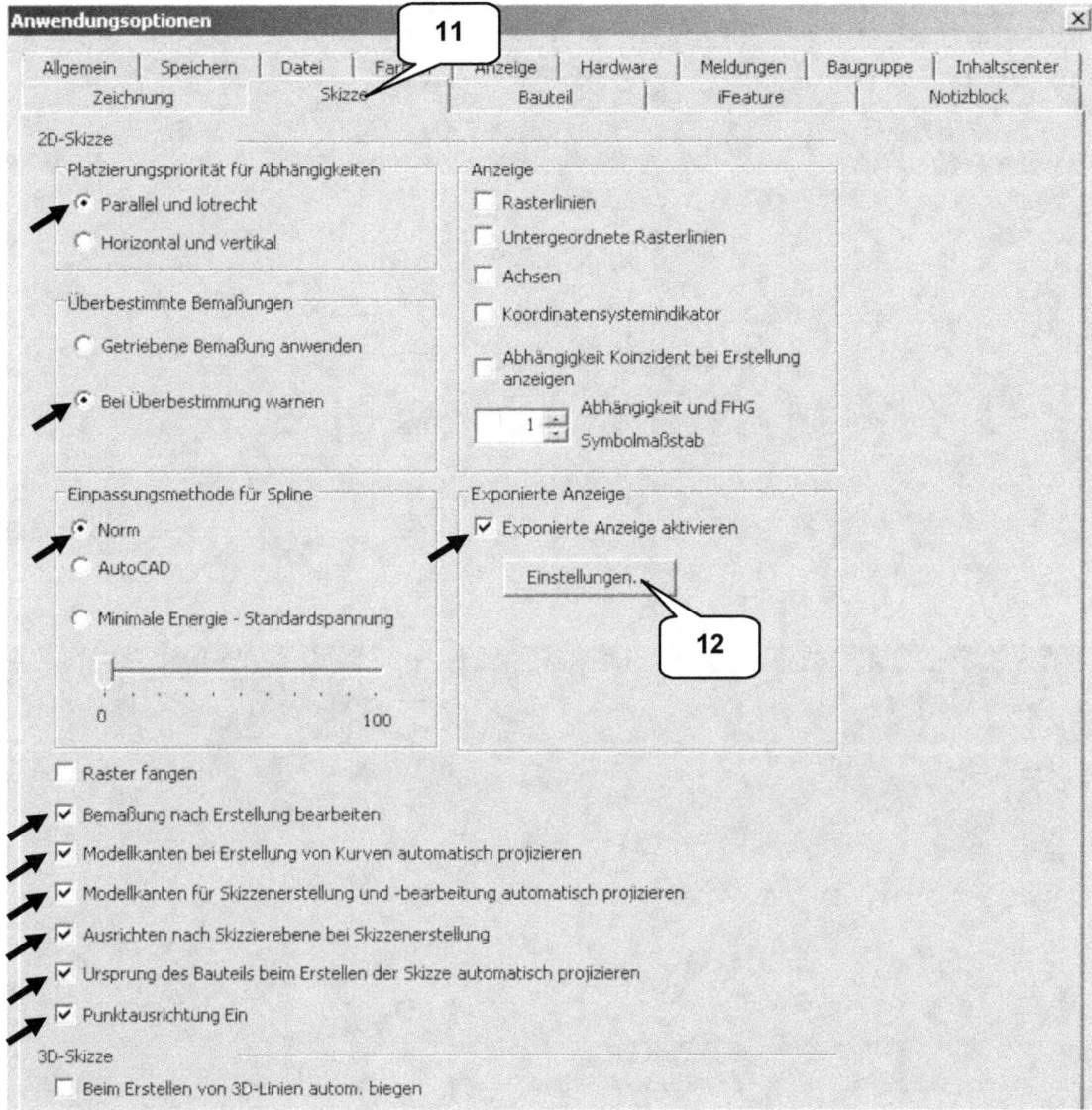

- **Reiter: Skizze** (11)
- Optionen übernehmen wie dargestellt

- **Exponierte Anzeigeeinstellungen** (12)
- Optionen im Fenster **Exponierte Anzeigeeinstellungen** übernehmen wie folgend dargestellt und mit **OK** bestätigen (das Hauptfenster der Anwendungsoptionen dabei nicht schließen!)

Exponierte Anzeigeeinstellungen
Zeigereingabe aktivieren
Bemaßungseingabe aktivieren, wenn möglich
Zeigereingabe
X 1.000 in Y 0.500 in
Kartesische Koordinaten
Polare Koordinaten
Bemaßungseingabe
0.500 in
45.00 deg
Kartesische Koordinaten
Polare Koordinaten
Dauerhafte Bemaßungen
Bemaßungen bei Eingabe von Bemaßungswert erstellen

Anwendungsoptionen
13
Allgemein
Speichern
Datei
Farben
Anzeige
Hardware
Meldungen
Baugruppe
Inhaltscenter
Zeichnung
Skizze
Bauteil
iFeature
Notizblock
Skizze beim Erstellen eines neuen Bauteils
Keine neue Skizze
Skizze auf XY-Ebene
Skizze auf YZ-Ebene
Skizze auf XZ-Ebene
Konstruktion
Deckende Flächen
Direkte Arbeitselemente automatisch ausblenden
Arbeits- und Oberflächenelemente automatisch einbeziehen
Erweiterte Informationen nach Elementknotennamen im Browser anzeigen
3D-Griffe
3D-Griffe aktivieren
Griffe zu Auswahl anzeigen
Bemaßungsabhängigkeiten
Nie lockern
Lockern, wenn keine Gleichung
Immer lockern
Eingabeaufforderung
Geometrische Abhängigkeiten
Nie lösen
Immer lösen
Eingabeaufforderung

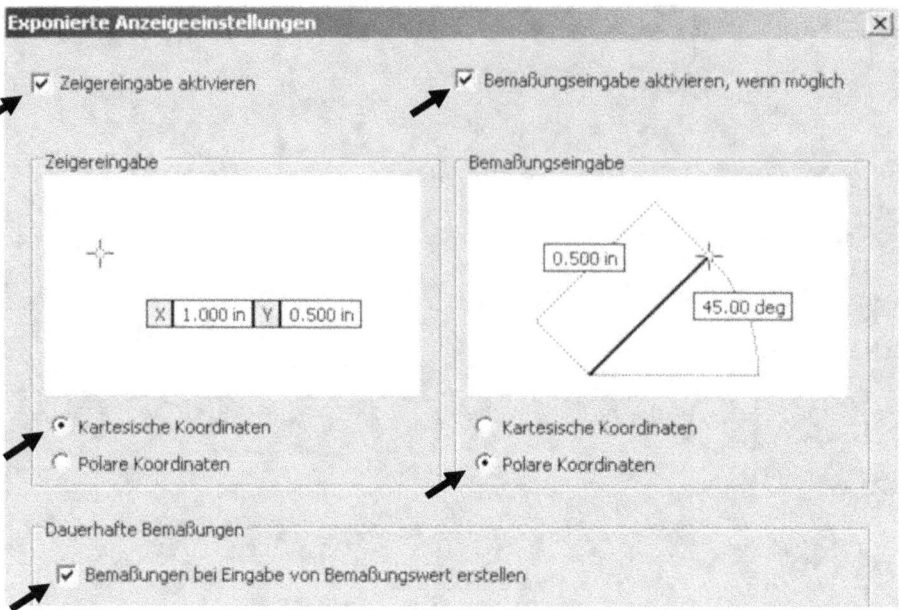

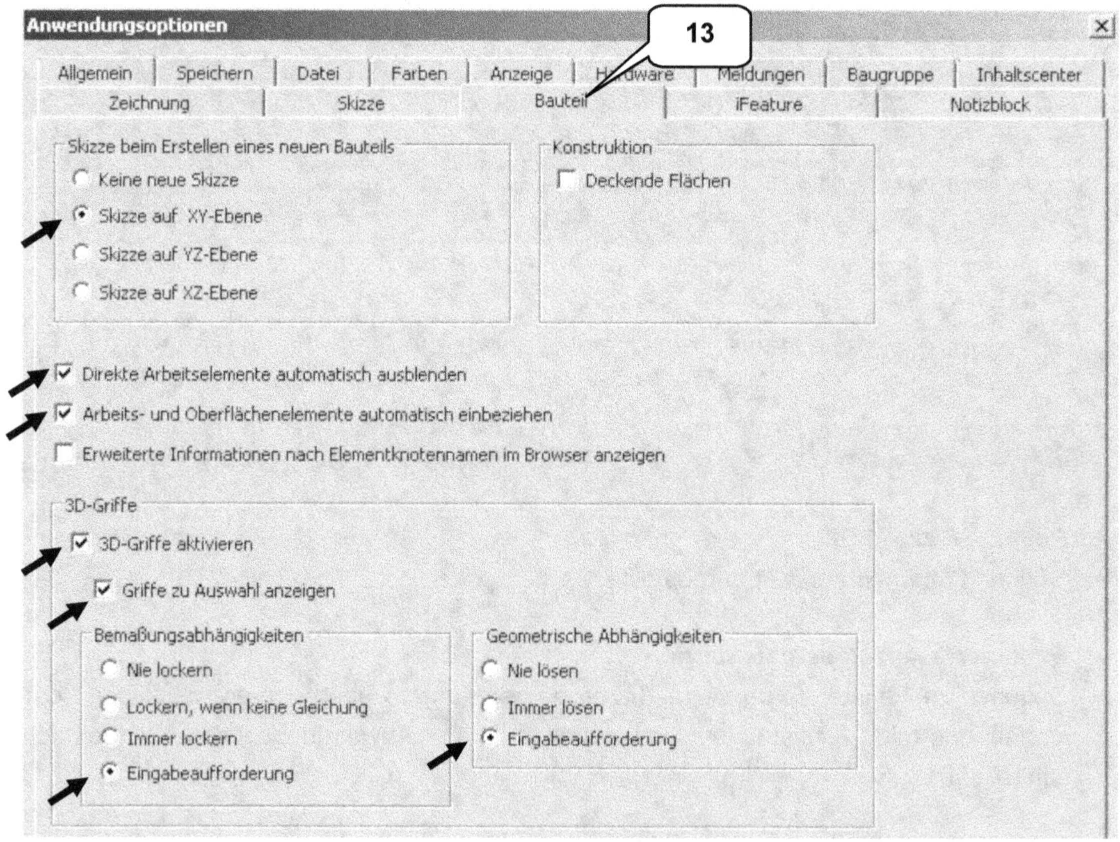

Anwendungsoptionen und Zusatzmodule

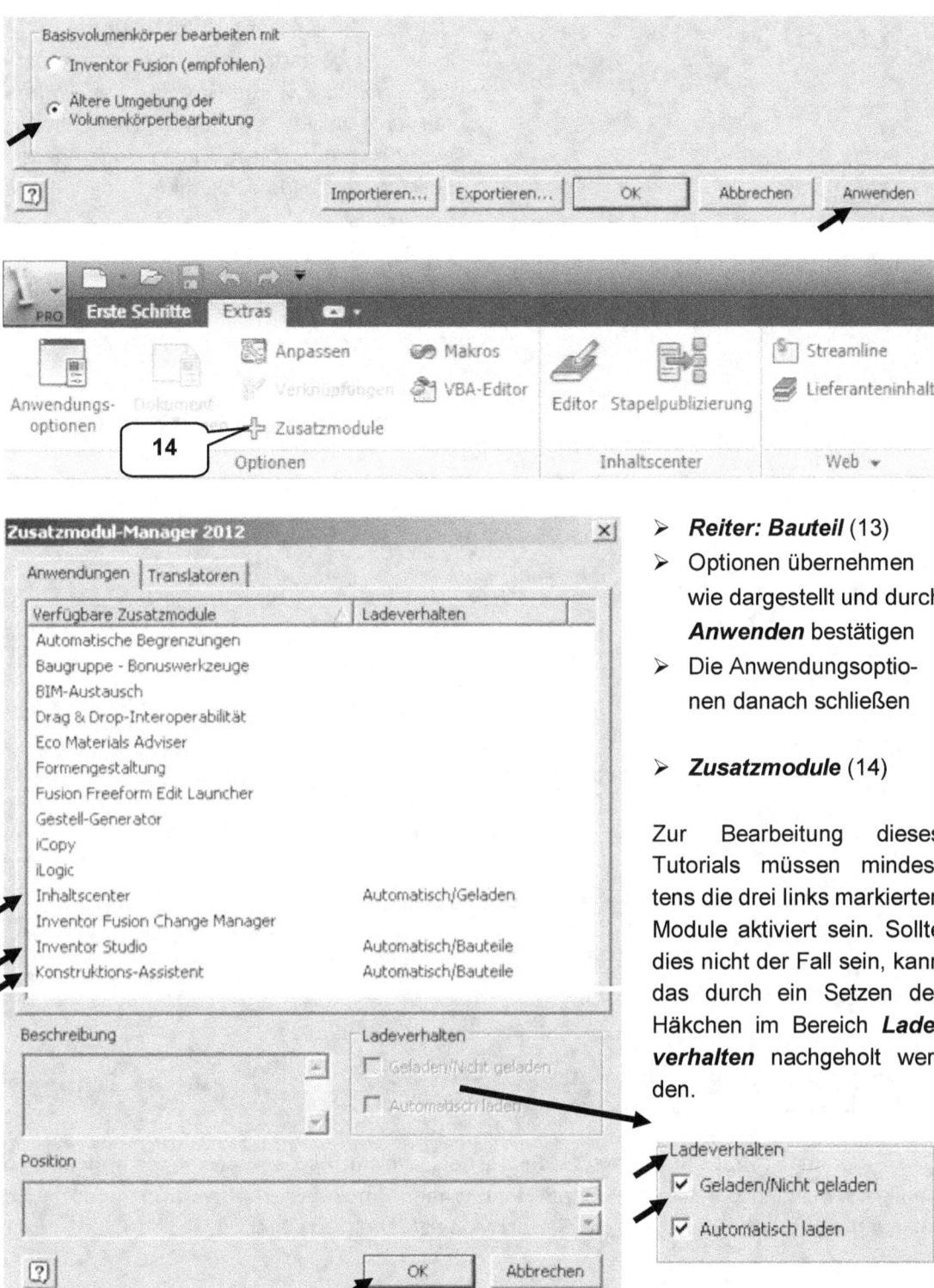

> *Reiter: Bauteil* (13)
> Optionen übernehmen wie dargestellt und durch *Anwenden* bestätigen
> Die Anwendungsoptionen danach schließen

> *Zusatzmodule* (14)

Zur Bearbeitung dieses Tutorials müssen mindestens die drei links markierten Module aktiviert sein. Sollte dies nicht der Fall sein, kann das durch ein Setzen der Häkchen im Bereich *Ladeverhalten* nachgeholt werden.

> *OK*

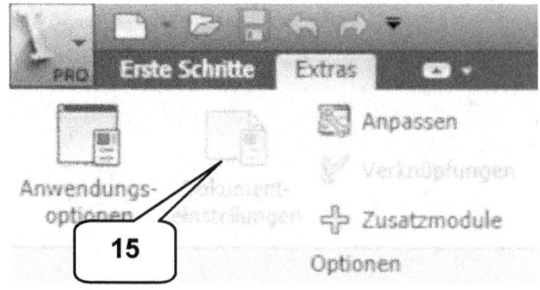

Der Befehl *Dokumenteinstellungen* (15) kann erst gestartet werden, nachdem eine Datei geöffnet wurde. Im Register *Einheiten* (16) sollten die jeweiligen Einheiten geprüft werden. Diese Einstellungen gelten nur für dasjenige Dokument, das gerade geöffnet ist.

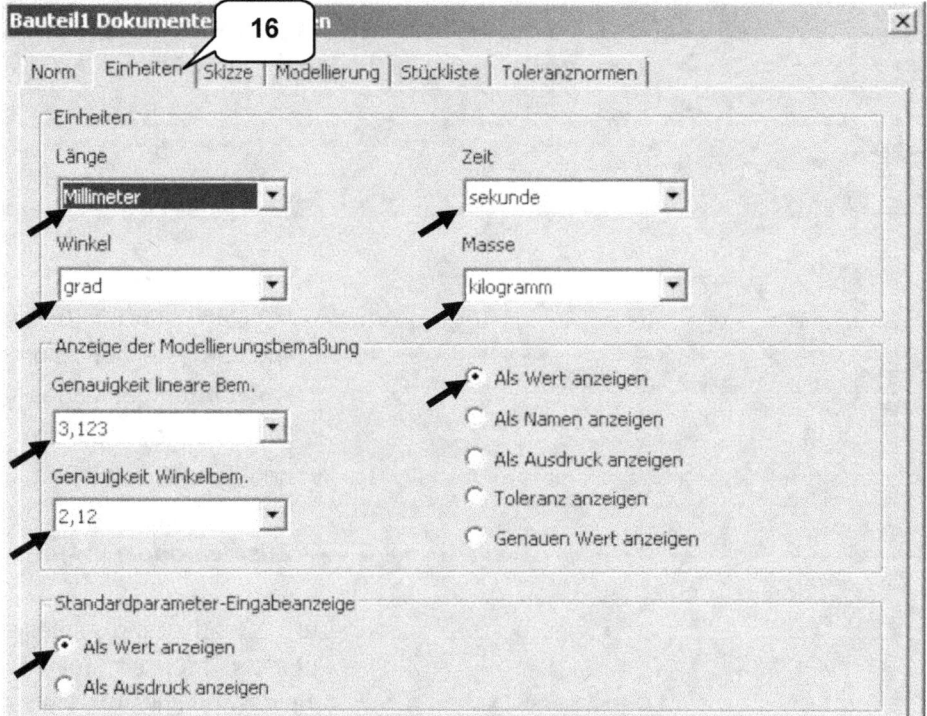

3 Steuerungstools und Maustasten

Das Programm verfügt über verschiedene Tools, welche es dem Anwender ermöglichen, häufig verwendete Befehle rasch starten zu können. Im Register *Ansicht* (1) und der Befehlsgruppe *Fenster* (2) ist jetzt die *Benutzeroberfläche* (3) zu starten.

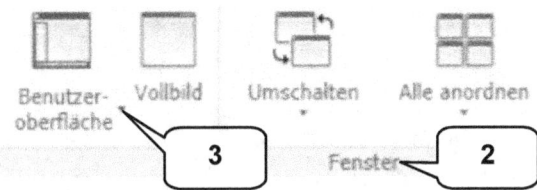

Ein Klick auf das *kleine Dreieck* daneben erweitert den Befehl. Hierbei sollte darauf geachtet werden, dass alle darin enthaltenen Optionen aktiviert wurden.

3.1 Der ViewCube

Mit dem *ViewCube* kann der Blickwinkel auf ein Objekt verändert werden: Ein Klick mit der linken Maustaste auf eine Seite, Kante oder Ecke des Würfels dient dem Wechsel in die entsprechende Ansicht. Bei gedrückter linker Maustaste auf den Würfel ist (in Kombination mit der Mausbewegung) ein freies Drehen der Ansicht möglich.

3.2 Die Navigationsleiste

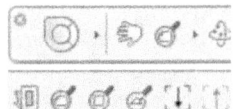

Die *Navigationsleiste* beinhaltet verschiedene Anzeige- und Navigationsbefehle. Die Position der Leiste und die Anzahl der darzustellenden Befehle können individuell festgelegt werden.

3.3 Die Funktionen der Maustasten

Wird in diesem Buch davon gesprochen, etwas anzuklicken oder zu auszuwählen, bezieht sich das auf die *linke Maustaste*, sofern es nicht anders beschrieben ist.

Ein Klick mit der *rechten Maustaste* öffnet ein Menü mit weiteren Optionen. Je nachdem, in welchem Arbeitsbereich des Programmes sich der Anwender befindet (Skizzenbereich, Modellbereich, Baugruppenbereich, Präsentationsbereich, Zeichnungsbereich), und an welcher Position geklickt wird (auf ein Zeichenobjekt, eine Modellkante, ein Bauteil, auf die Multifunktionsleiste) werden unterschiedliche Auswahlmöglichkeiten angeboten. Es wird empfohlen, die verschiedenen Möglichkeiten in jedem der einzelnen Bereiche gleich zu Beginn der Arbeit mit dem Programm auszuprobieren.

Die *mittlere Maustaste* (Scrollrad-Taste) hat mehrere Funktionen: Bei gedrückter mittlerer Maustaste kann der gesamte Arbeitsbereich verschoben werden. Die Kombination der Umschalt (Shift)-Taste mit der mittleren Maustaste ermöglicht ein freies Drehen der Ansicht. Das Scrollen mit der mittleren Maustaste zoomt die Ansicht im Arbeitsbereich.

4 Einzelbenutzer-Projekt erzeugen

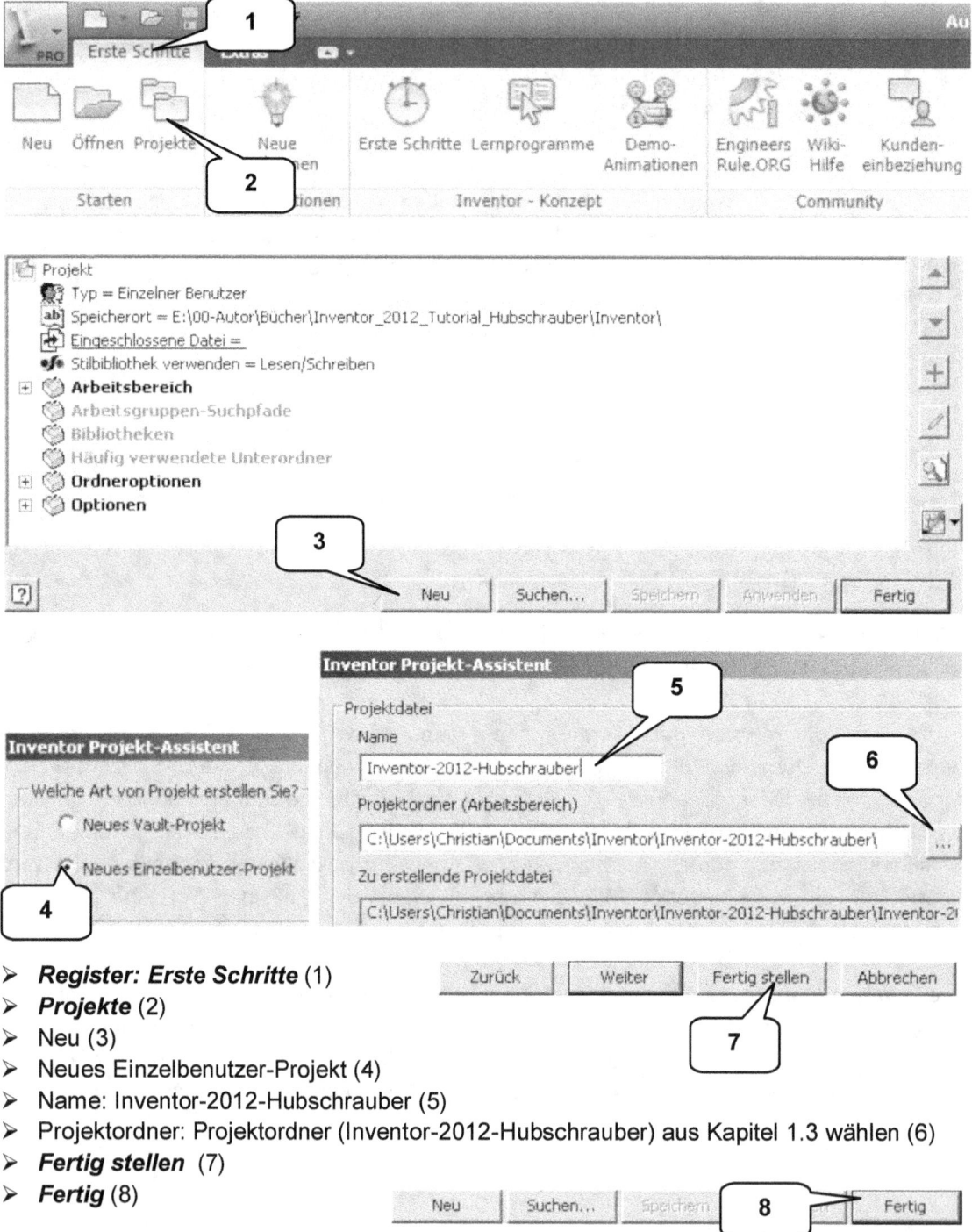

- **Register: Erste Schritte** (1)
- **Projekte** (2)
- Neu (3)
- Neues Einzelbenutzer-Projekt (4)
- Name: Inventor-2012-Hubschrauber (5)
- Projektordner: Projektordner (Inventor-2012-Hubschrauber) aus Kapitel 1.3 wählen (6)
- **Fertig stellen** (7)
- **Fertig** (8)

5 Aufbau und Funktion des Spielzeughubschraubers

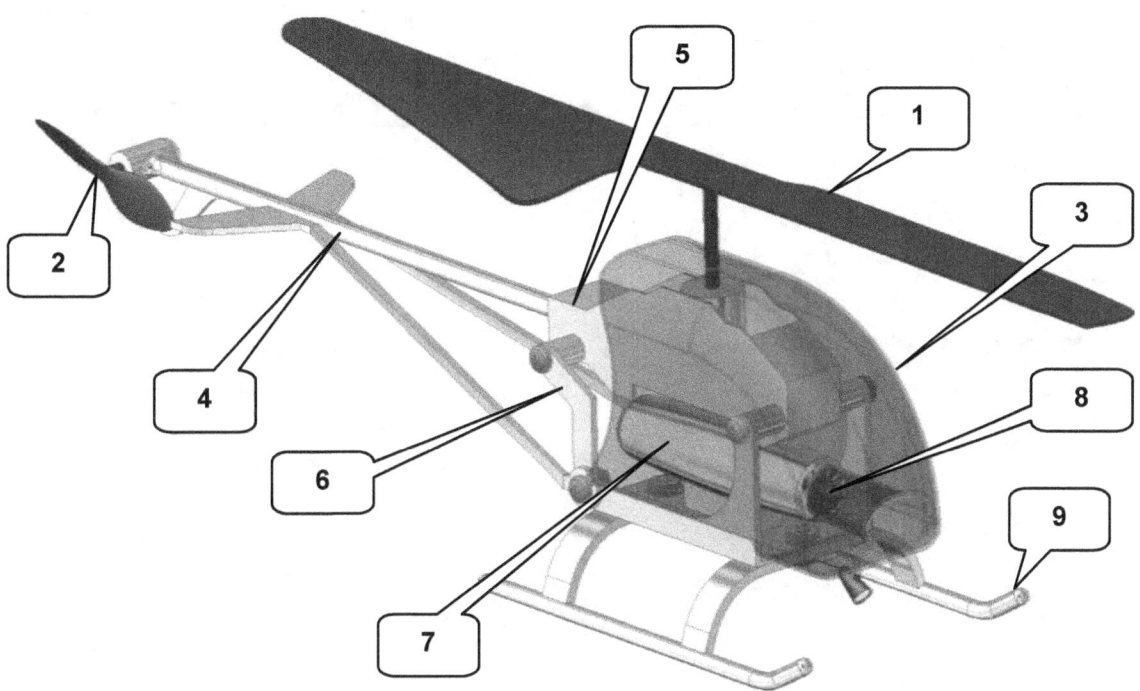

1. Hauptrotor
2. Heckrotor
3. Kabine
4. Heckausleger
5. Rumpf-Oberteil
6. Rumpf-Unterteil
7. Turbinengehäuse
8. Turbine
9. Landegestell

Im folgenden Übungsbeispiel soll ein **Spielzeughubschrauber** konstruiert werden. Hubschrauber starten und landen in vertikaler Richtung. Durch Form und Drehbewegung des Hauptrotors (1) wird eine Auftriebskraft erzeugt, die den Hubschrauber beim Starten nach oben hebt. Um eine unerwünschte Drehung des gesamten Hubschraubers um seine vertikale Achse zu vermeiden, wird am Ende des Heckauslegers (4) ein zusätzlicher Heckrotor (2) montiert. Dieser wirkt einer Drehbewegung entgegen und gewährleistet eine stabile Führung. Eine Turbine (7, 8) ermöglicht eine Bewegung in horizontaler Richtung. Sie wird auf dem unteren Gehäuse (6) montiert, an welchem auch das Landegestell (8) befestigt ist. Unteres und oberes Gehäuse (5) bilden die Basis des Konstruktionsobjektes, an welches auch eine Kabine (3) montiert wird. Diese ist mit einem Suchscheinwerfer und mit dem Luftstromkanal zur Turbine versehen. Die einzelnen Bauteile werden durch diverse Schraubverbindungen aus dem Inhaltscenter miteinander verbunden.

6 Bauteil: Rumpf-Unterteil

6.1 Erstellen einer neuen Datei und Projizieren der Hauptachsen

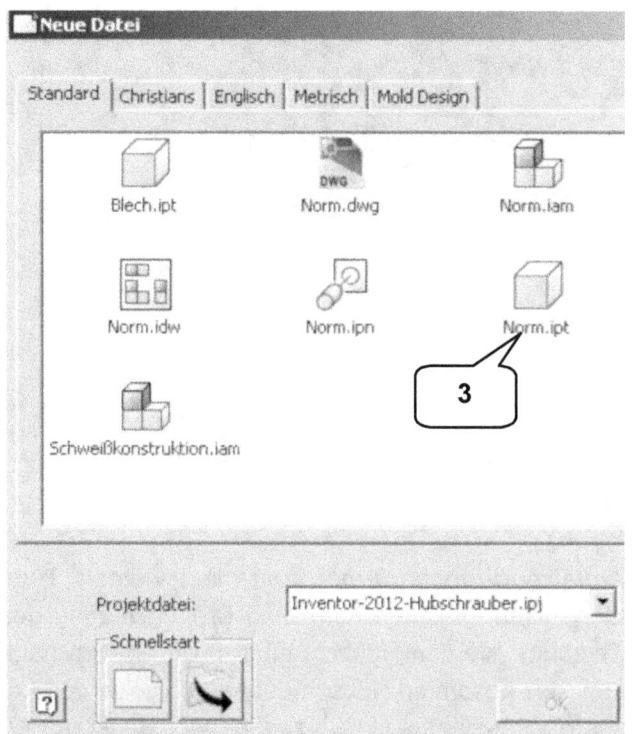

Nachdem die Anwendungsoptionen und Zusatzmodule konfiguriert und das neue Projekt erzeugt wurden, kann mit der Erstellung des ersten Bauteils begonnen werden. Im Register **Erste Schritte** (1) ist der Befehl **Neu** (2) zu starten. Im Fenster **Neue Datei** (Register **Standard**) befinden sich einige Standard-Vorlagen, z. B.:

➢ **Norm. ipt** (Bauteile)
➢ **Norm.iam** (Baugruppe)
➢ **Norm.ipn** (Präsentation)
➢ **Norm.idw** (Zeichnung)

Die Vorlage **Norm.ipt** (3) ist zu wählen und die Auswahl durch **OK** zu bestätigen.

Wurden die Anwendungsoptionen übernommen wie in den ersten Kapiteln beschrieben, sollte das Programm automatisch eine neue 2D-Skizze auf der XY-Ebene erzeugen und den Skizzenbereich öffnen. !

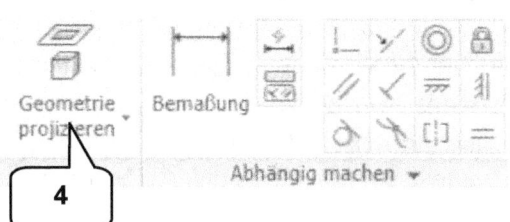

Bauteil: Rumpf-Unterteil

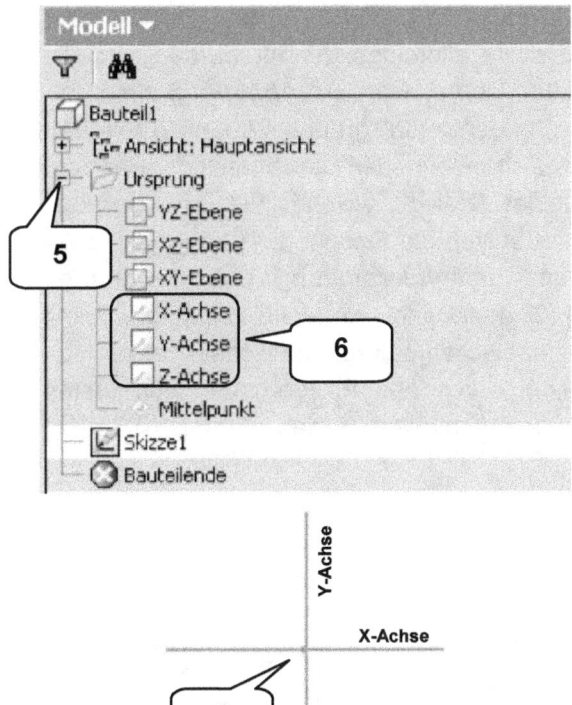

Jede Datei verfügt über ein Koordinatensystem mit drei Hauptachsen (X, Y, Z) und drei Hauptebenen (XY, XZ, YZ). Diese Ursprungselemente spielen in jeder Datei eine wichtige Rolle und sollten bereits ab der ersten Skizze in die Konstruktion integriert werden. Da sie nicht standardmäßig in den Skizzen enthalten sind, müssen sie importiert werden. Hierfür wird der Befehl *Geometrie projizieren* (4) verwendet. Dieser Befehl überträgt eine Abbildung der Achsen/Ebenen in eine 2D-Skizze und ermöglicht dadurch deren Verwendung.

> *Geometrie projizieren* (4)
> Ordner Ursprung im Modellbaum aufklappen (5)
> Nacheinander die drei Achsen (X, Y, Z) anklicken (6)
> *Taste: ESC*

Die Achsen werden jetzt im Zeichenbereich dargestellt (7). Dieser erste Arbeitsschritt sollte in jeder neuen Skizze durchgeführt werden, da das rechtzeitige Einbeziehen der Hauptachsen bereits im Skizzenbereich spätere Arbeitsschritte im Modell- und Baugruppenbereich erheblich erleichtern kann. Die Taste *ESC* (Escape) beendet den Befehl (Geometrie projizieren) und sollte grundsätzlich nach jeder erfolgreichen Anwendung eines Befehles im 2D-Skizzenbereich verwendet werden. Alternativ funktioniert auch die Option *Fertig* der rechten Maustaste.

6.2 Zeichnen einer zusammenhängenden Linienkontur

Neue Zeichenelemente werden mit den Befehlen der Befehlsgruppe *Zeichnen* erzeugt. Für die folgende Linienkontur ist der Befehl *Linie* (1) zu verwenden.

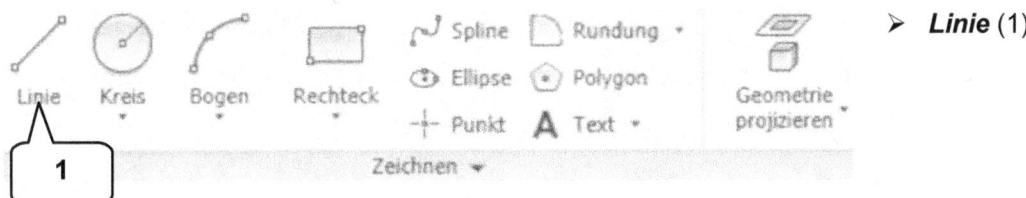

> *Linie* (1)

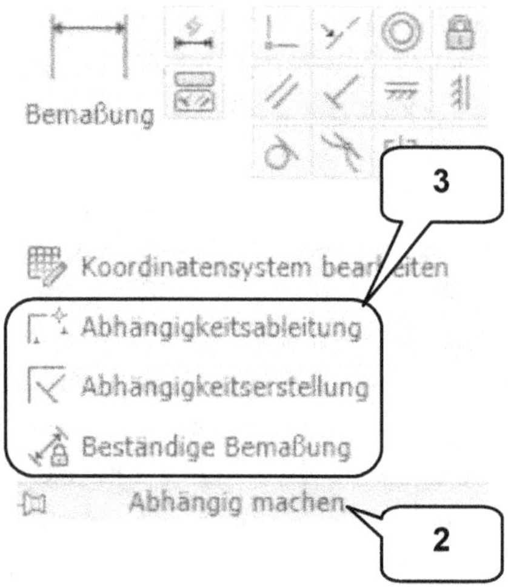

Bauteil: Rumpf-Unterteil

Der Befehl *Linie* ist zu starten. Vor dem Zeichnen der ersten Linie sollte allerdings geprüft werden, wie die Grundeinstellungen im Bereich **Abhängigkeiten** gesetzt wurden. In der Befehlsgruppe **Abhängig machen** (2) befindet sich neben der gleichnamigen Bezeichnung ein kleines Dreieck, welches die Befehlsgruppe erweitert. Hier sollten die Optionen **Abhängigkeitsableitung**, **Abhängigkeitserstellung** und **Beständige Bemaßung** (3) deaktiviert sein (weiß hinterlegt). Somit kann ein unbeabsichtigtes (automatisches) Setzen von Abhängigkeiten durch das Programm in den ersten Zeichenübungen vermieden werden.

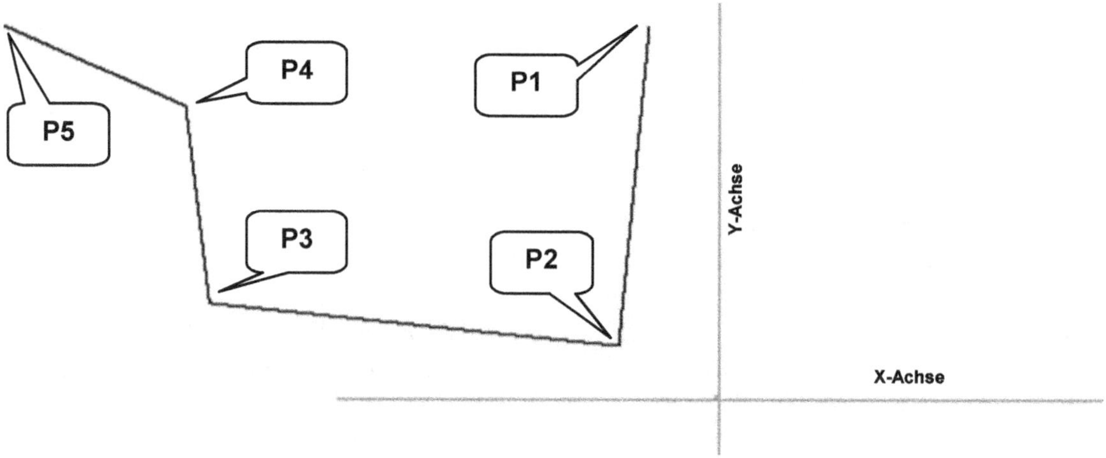

Die folgende Linienkontur bestehend aus vier zusammenhängenden Linien wird durch das Setzen der einzelnen Punkte (P1..P5) erzeugt, wobei der Befehl Linie nicht jedesmal beendet bzw. neu gestartet werden muss. Nach dem Setzen des letzten Punktes kann der Befehl durch die Taste **ESC** beendet werden. Die Linienkontur ist wie in der oberen Abb. dargestellt, links neben der Y-Achse und oberhalb der X-Achse zu zeichnen.

6.3 Setzen der Abhängigkeiten

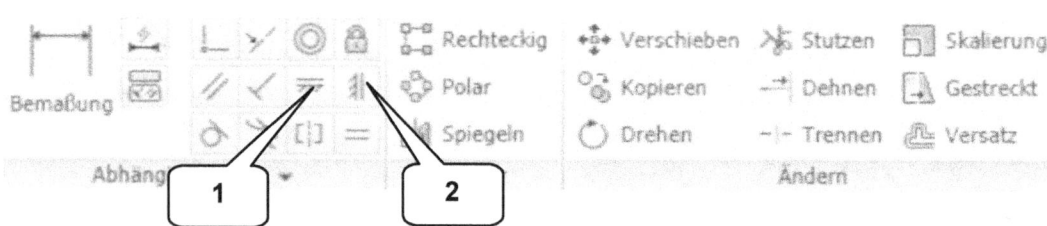

Das automatische Setzen der Abhängigkeiten durch das Programm während des Zeichnens wurde im vorherigen Arbeitsschritt deaktiviert. Daher müssen alle Abhängigkeiten manuell gesetzt werden. Im ersten Schritt sollen die vertikalen und horizontalen Linien ausgerichtet werden. Hier finden die Abhängigkeiten **Horizontal** (1) und **Vertikal** (2) Anwendung. Nach dem Setzen der jeweiligen Abhängigkeiten sind die Befehle durch **ESC** zu beenden. Die Linie (L4) soll nicht mit Abhängigkeit versehen werden, da diese in einem bestimmten Winkel zur vorherigen Linie angeordnet werden soll.

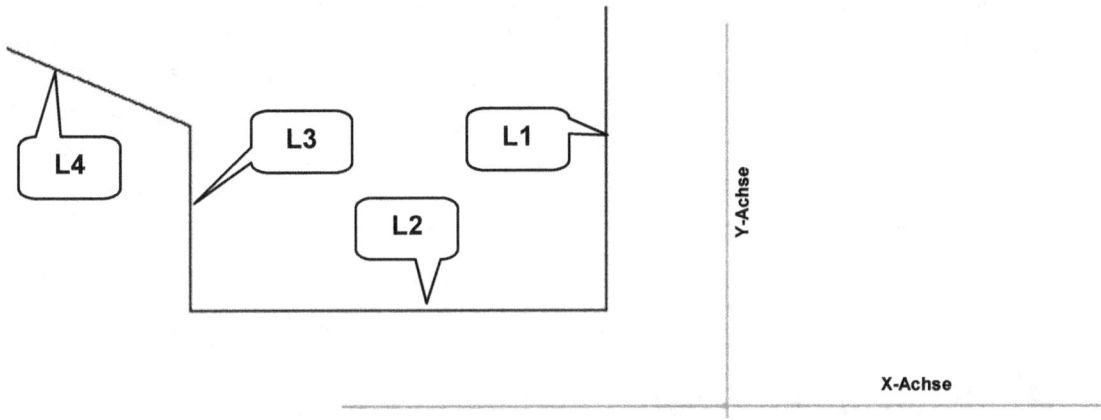

> ***Abhängigkeit Horizontal*** (1)
> Linie (L2) wählen
> ***Taste: ESC***

> ***Abhängigkeit Vertikal*** (2)
> Linien (L1, L3) wählen
> ***Taste: ESC***

6.4 Bemaßen der Linienkontur

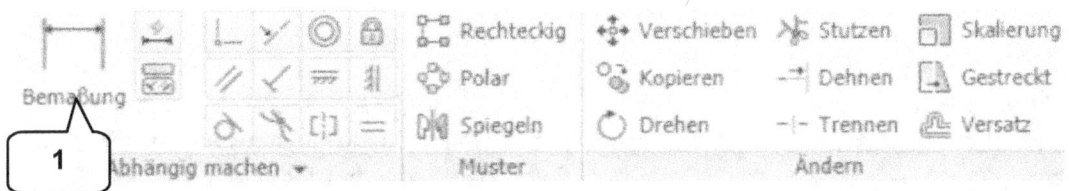

Nach dem Setzen der Abhängigkeiten erfolgt das Bemaßen. Hier findet der Befehl ***Bemaßung*** (1) Anwendung. Einzelne Zeichenobjekte (Linien, Bögen, Kreise) können durch Starten des Befehls und anschließendes Klicken auf das Zeichenelement bemaßt werden. Werden nacheinander 2 Zeichenelemente angeklickt, wird die Lage beider Elemente zueinander (Abstand oder Winkel) bemaßt. Im folgenden Schritt sollen die Längen der einzelnen Liniensegmente bemaßt werden.

Bauteil: Rumpf-Unterteil

- ➢ **Bemaßung** (1)
- ➢ Linie (L1) anklicken (linke Maustaste)
- ➢ Maß an Position (2) ablegen (linke Maustaste)
- ➢ Länge: 20 mm
- ➢ **Taste: ENTER**

- ➢ Linie (L2) anklicken
- ➢ Maß an Position (3) ablegen
- ➢ Länge: 38 mm
- ➢ **Taste: ENTER**

- ➢ Linie (L3) anklicken
- ➢ Maß an Position (4) ablegen
- ➢ Länge: 14 mm
- ➢ **Taste: ENTER**
- ➢ **Taste: ESC**

Eine horizontale oder vertikale Bemaßung einer Linie kann also durch Ablegen des Maßes oberhalb/unterhalb oder rechts/links neben dem Objekt erzeugt werden. Muss eine Bemaßung an einem Objekt ausgerichtet werden (z. B. Linie L5), ist dies separat festzulegen.

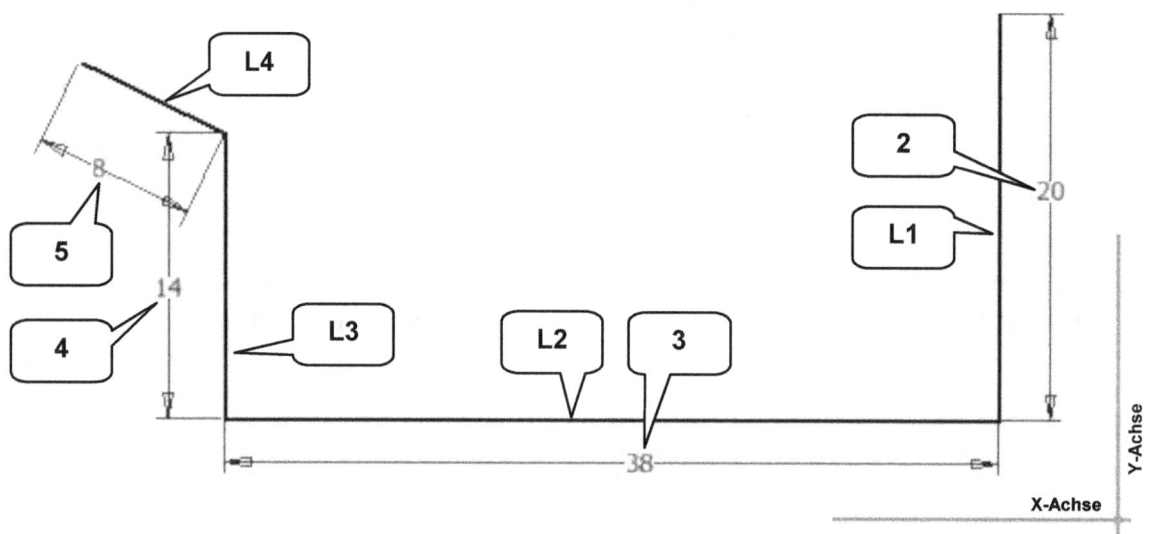

- ➢ **Bemaßung** (1)
- ➢ Linie (L4) anklicken
- ➢ Rechte Maustaste drücken
- ➢ Option: **Ausgerichtet**
- ➢ Maß an Position (5) ablegen
- ➢ Länge: 8 mm
- ➢ **Taste: ENTER**
- ➢ **Taste: ESC**

Um ein Maß an einer Linie auszurichten, muss also nach der Auswahl der Linie und vor dem Ablegen des Maßes die Option **Ausgerichtet** der rechten Maustaste gewählt werden.

Es ist unerheblich, ob sich die gesamte Linienkontur jetzt immer noch oberhalb der X-Achse bzw. links neben der Y-Achse befindet. Es müsste nicht korrigiert werden.

Die beiden Linien (L3) und (L4) sind jetzt in einem Winkel von 120° zueinander anzuordnen. Anschließend soll die gesamte Linienkontur mit dem Punkt (P2) auf den Koordinatenursprung (P0) gelegt werden. Hierfür ist die Abhängigkeit **Koinzident** (7) zu verwenden.

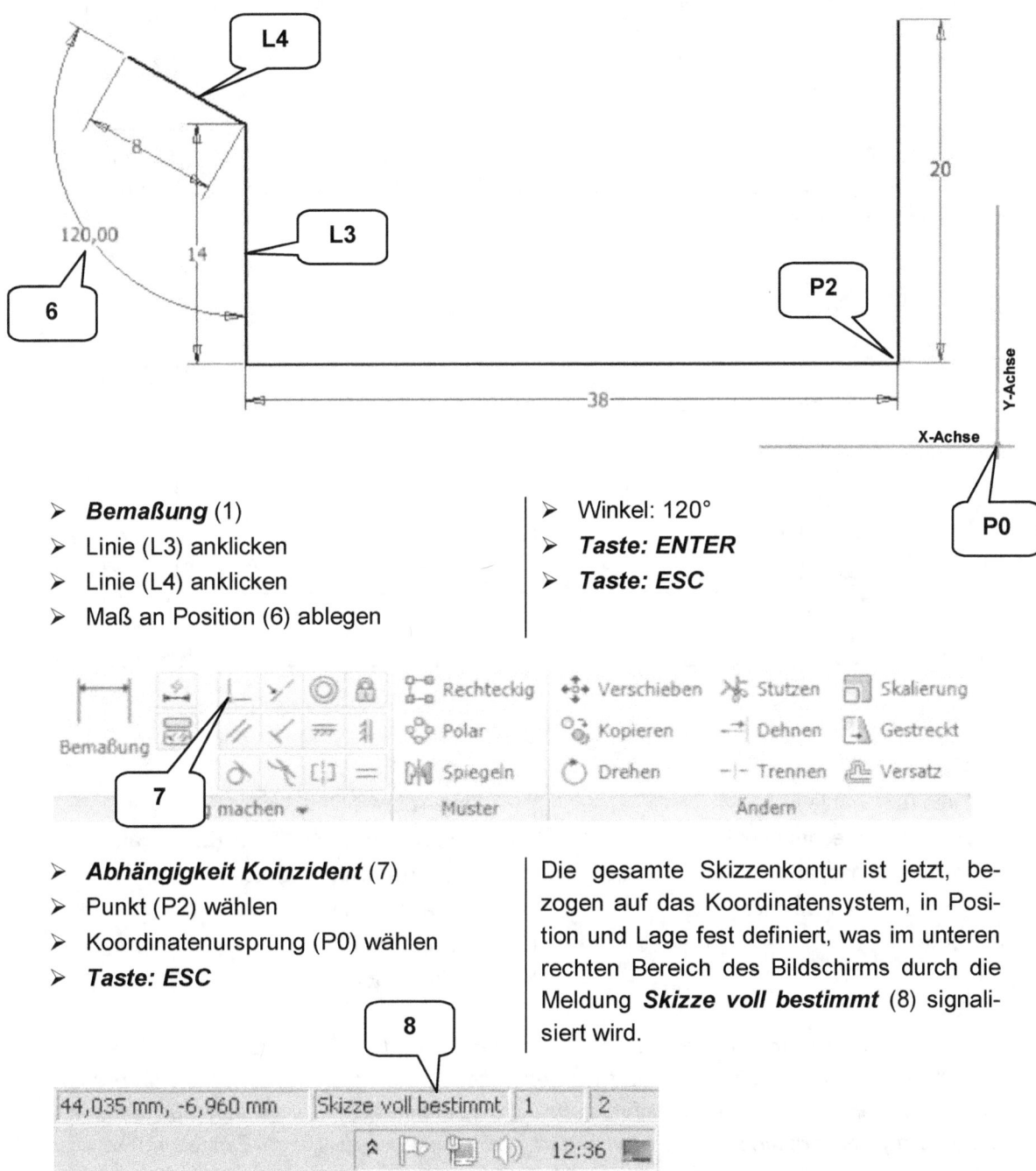

- **Bemaßung** (1)
- Linie (L3) anklicken
- Linie (L4) anklicken
- Maß an Position (6) ablegen

- Winkel: 120°
- **Taste: ENTER**
- **Taste: ESC**

- **Abhängigkeit Koinzident** (7)
- Punkt (P2) wählen
- Koordinatenursprung (P0) wählen
- **Taste: ESC**

Die gesamte Skizzenkontur ist jetzt, bezogen auf das Koordinatensystem, in Position und Lage fest definiert, was im unteren rechten Bereich des Bildschirms durch die Meldung **Skizze voll bestimmt** (8) signalisiert wird.

6.5 Erzeugen einer versetzten Kopie der Linienkontur

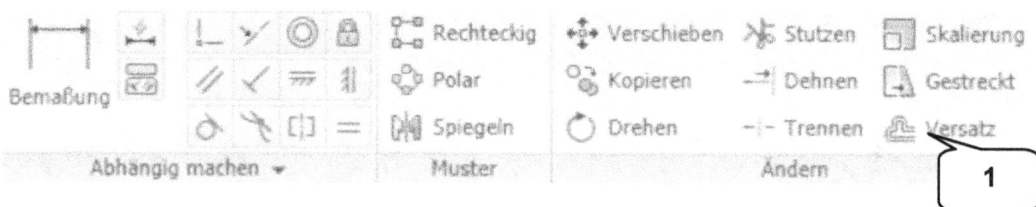

Nachdem die vorhandene Linienkontur vollständig bemaßt und auf den Koordinatenursprung bezogen wurde, soll eine in einem bestimmten Abstand versetzte Kopie mit dem Befehl **Versatz** (1) erzeugt werden.

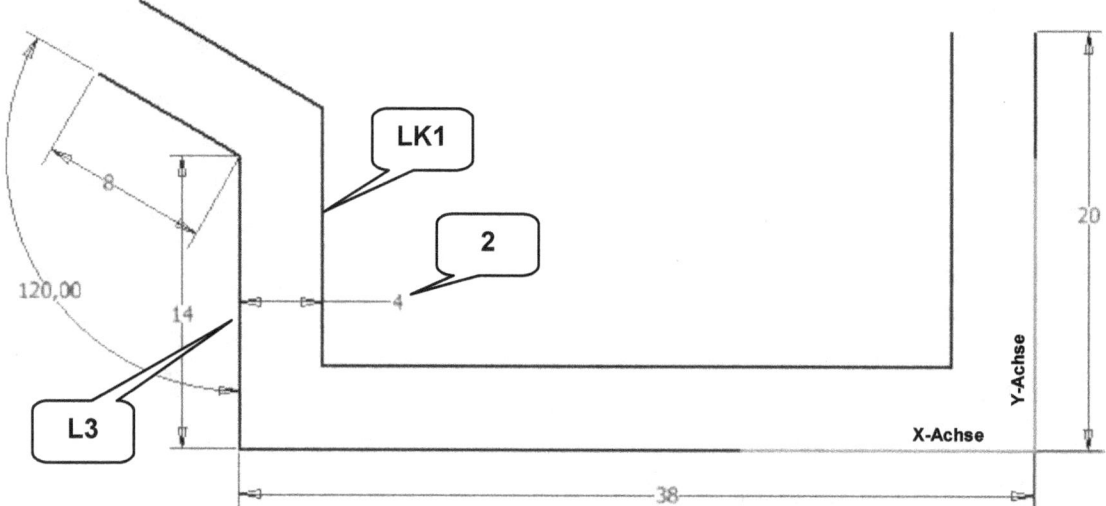

- ➢ **Versatz** (1)
- ➢ Linie (L3) wählen
- ➢ Maus nach rechts bewegen
- ➢ Versetzte Kopie der Linienkontur an Position (LK1) ablegen
- ➢ **Taste: ESC**

- ➢ **Bemaßung** (2)
- ➢ Linie (L3) wählen
- ➢ Versetzte Kopie an Pos. (LK1) wählen
- ➢ Maß an Position (2) ablegen
- ➢ Abstand: 4 mm
- ➢ **Taste: ENTER**
- ➢ **Taste: ESC**

Sollte beim Arbeiten mit dem Programm die eine oder andere Befehlsgruppe nicht auftauchen, kann dies nachträglich geändert werden: in diesem Fall ist mit der **rechten Maustaste** auf eine beliebige Stelle der Multifunktionsleiste (Befehlsleiste) zu klicken und unter der Option **Gruppen anzeigen** die fehlende Gruppe zu aktivieren. Diese Einstellung kann in jedem Arbeitsbereich (Skizzenbereich, Modellbereich, Baugruppenbereich, Zeichnungsbereich) vorgenommen werden.

6.6 Schließen der Kontur mittels Bogens durch drei Punkte

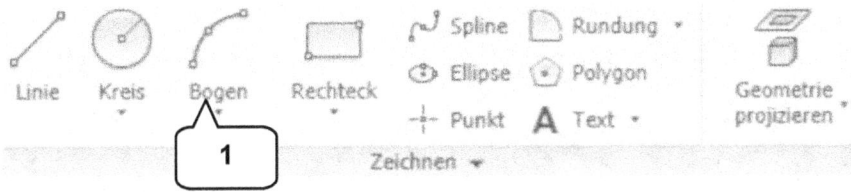

Beide Linienkonturen (Original und Versatz) sind durch den Befehl **Bogen durch 3 Punkte** (1) miteinander zu verbinden. Hierbei ist darauf zu achten, dass der Start- und der Endpunkt des jeweiligen Bogens genau an die Linienenden der Linienkonturen anknüpfen (P1, P2, P4, P5). Dies wird beim Setzen der Bogenpunkte durch einen grünen Punkt am Mauspfeil signalisiert.

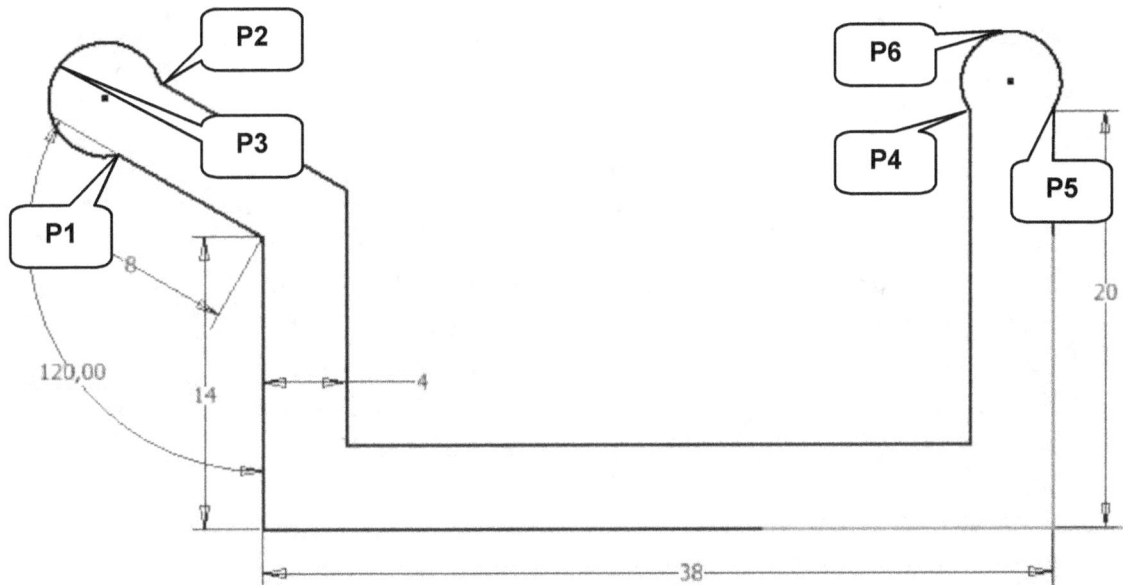

> - **Bogen durch 3 Punkte** (1)
> - 1. Punkt Bogen 1: Punkt (P1) wählen
> - 2. Punkt Bogen 1: Punkt (P2) wählen
> - 3. Punkt Bogen 1: Punkt frei an Pos. (P3) ablegen

> - 1. Punkt Bogen 2: Punkt (P4) wählen
> - 2. Punkt Bogen 2: Punkt (P5) wählen
> - 3. Punkt Bogen 2: Punkt frei an Pos. (P6) ablegen
> - **Taste: ESC**

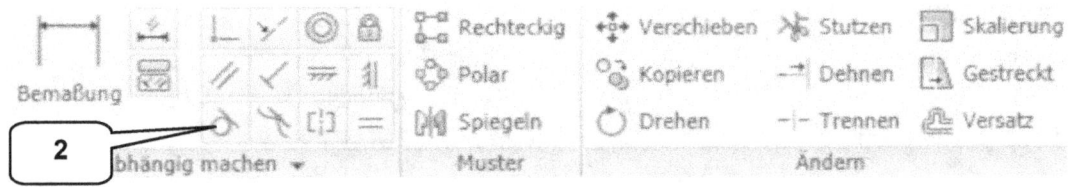

Bauteil: Rumpf-Unterteil

Beide Bögen liegen jeweils mit ihren Start- und Endpunkten auf den Endpunkten der angrenzenden Linienkonturen. Mittels Abhängigkeit *Tangential* (2) soll abschließend der Radius der beiden Bögen definiert werden.

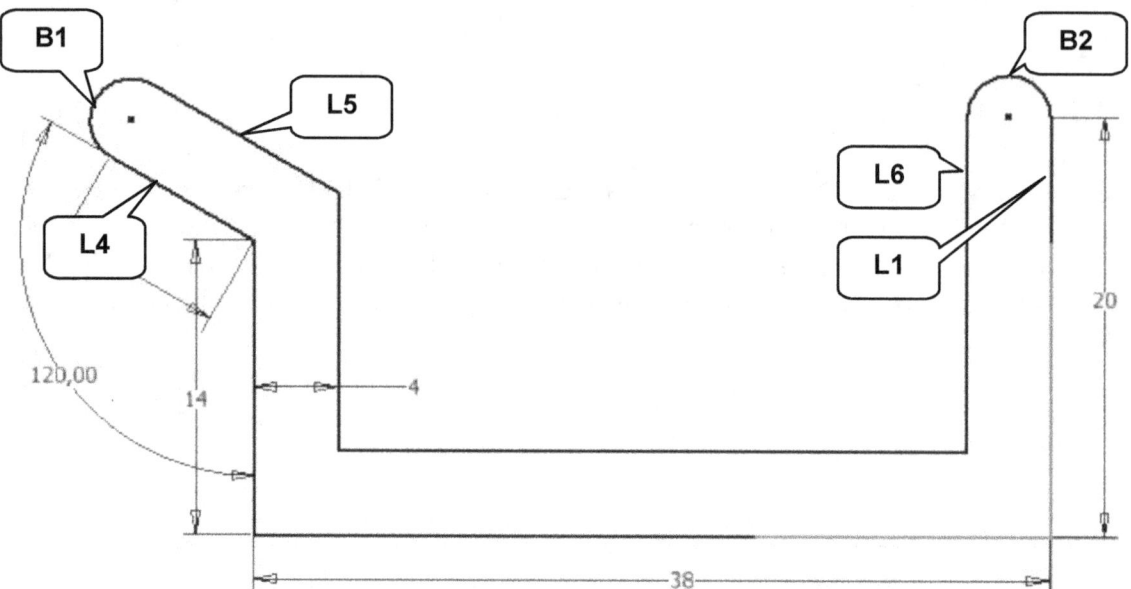

- **Abhängigkeit Tangential** (2)
- Linie (L4) wählen
- Bogen (B1) wählen
- Linie (L5) wählen
- Bogen (B1) wählen

- Linie (L6) wählen
- Bogen (B2) wählen
- Linie (L1) wählen
- Bogen (B2) wählen
- **Taste: ESC**

6.7 Ecken abrunden

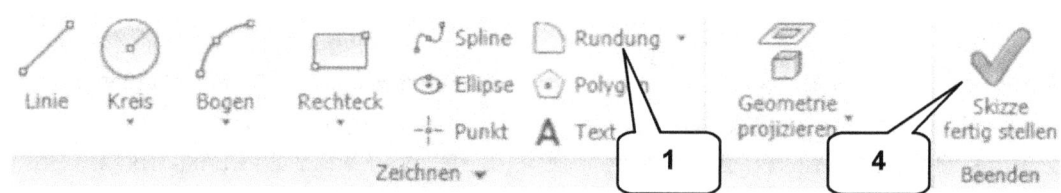

Zwei Ecken sollen jetzt mit dem Befehl *Rundung* (1) bearbeitet werden.

- **Rundung** (1)
- Wert: 3 mm (2)
- Linie (L2) wählen
- Linie (L3) wählen

- Wert: 10 mm (3)
- Linie (L6) wählen
- Linie (L7) wählen
- **Taste: ESC**

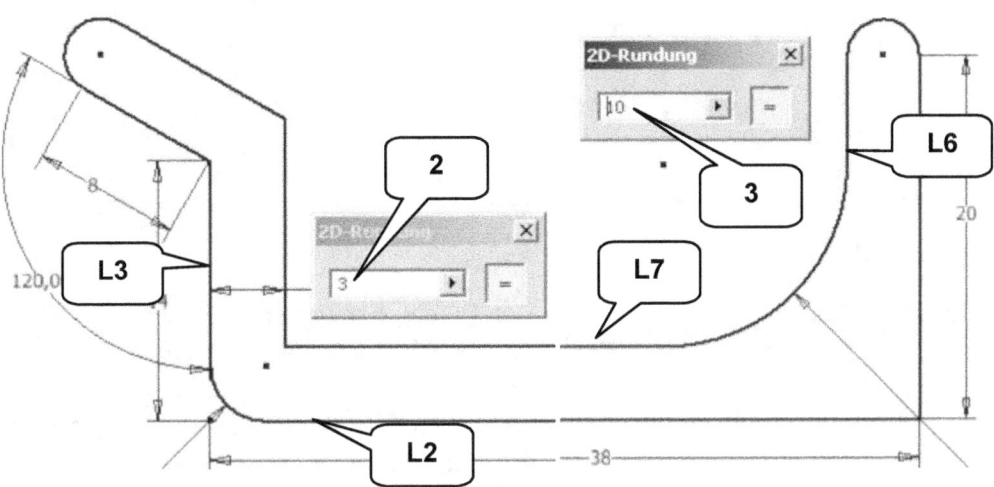

Die Basisskizze ist damit fertiggestellt worden, und die Skizze kann mit dem Befehl *Skizze fertig stellen* (4) beendet werden. Das Programm wechselt in den Modellbereich.

6.8 Speichern der Datei

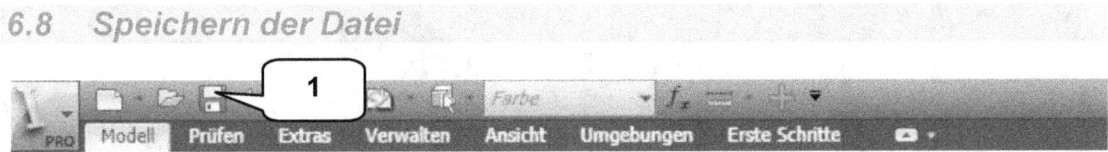

Vor dem nächsten Arbeitsschritt sollte die Datei gesichert werden. In der oberen Menüleiste befindet sich der Schnellstart-Befehl *Speichern* (1). Er öffnet das Fenster *Speichern unter*, in dem der Dateiname *Rumpf-Unterteil* (2) eingegeben werden kann. Es ist darauf zu achten, dass die Datei auch in den Projektordner (Inventor-2012-Hubschrauber) gespeichert wird, welcher am Anfang des Buches (Kapitel 1.3) erzeugt wurde.

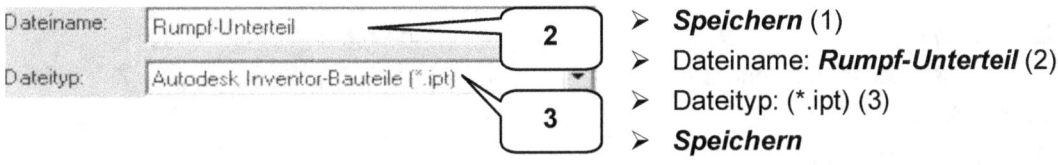

- *Speichern* (1)
- Dateiname: *Rumpf-Unterteil* (2)
- Dateityp: (*.ipt) (3)
- *Speichern*

Auch im Modellbereich ist es möglich, dass eine der Befehlsgruppen, die zur Bearbeitung des Übungsobjektes benötigt wird, nicht automatisch eingeblendet wird. Dann ist mit der rechten Maustaste auf einen beliebigen Punkt der Befehlsleiste zu klicken und unter der Option Gruppen anzeigen die fehlende Befehlsgruppe zu aktivieren. Nicht benötigte Gruppen sollten allerdings je nach Größe des Monitors ausgeblendet bleiben, um eine allzu sehr minimierte Darstellung der einzelnen Befehlsgruppen zu vermeiden.

Bauteil: Rumpf-Unterteil

6.9 Extrudieren der Basiskontur

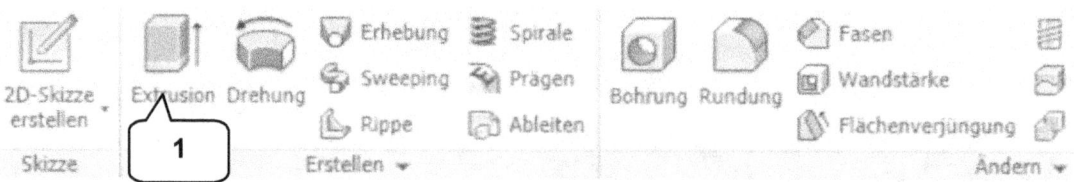

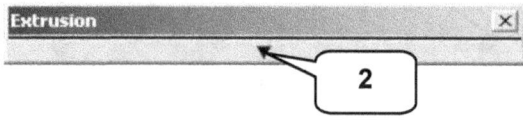

Der Befehl *Extrusion* (1) soll die im Skizzenbereich gezeichnete Kontur in einen Volumenkörper konvertieren. Um das gleichnamige Befehlsfenster vollständig darzustellen, muss unter Umständen zuerst auf das kleine Dreieck (2) geklickt werden.

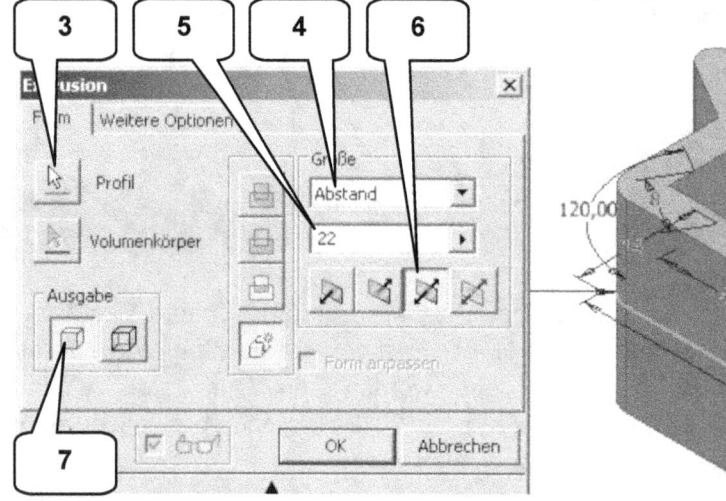

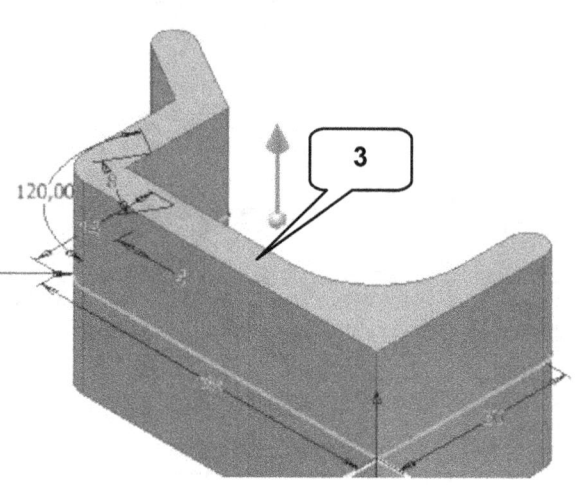

> *Extrusion* (1)
> Profil: Fläche der Skizzenkontur (3)
> Größe: Abstand (4)
> Wert: 22 mm (5)

> Richtung: Symmetrisch (6)
> Ausgabe: Volumenkörper (7)
> **OK**

*Sollte es Probleme bei der Auswahl der zu extrudierenden Fläche geben, muss noch einmal per Doppelklick in die letzte Skizze (im Modellbaum auf die Skizze doppelklicken! Nicht den Befehl 2D-Skizze starten, da dieser keine vorhandenen Skizzen bearbeitet, sondern eine neue Skizze erzeugen würde) gewechselt werden. Dort ist zu prüfen, ob die Linienkontur vollständig geschlossen ist. Hierfür muss mit der rechten Maustaste auf eine der Linien geklickt und die Option **Kontur schließen** gewählt werden. Dann den Anweisungen des Programmes folgen und die Linien nacheinander anklicken.*

6.10 Zeichnen einer Subtraktionsgeometrie

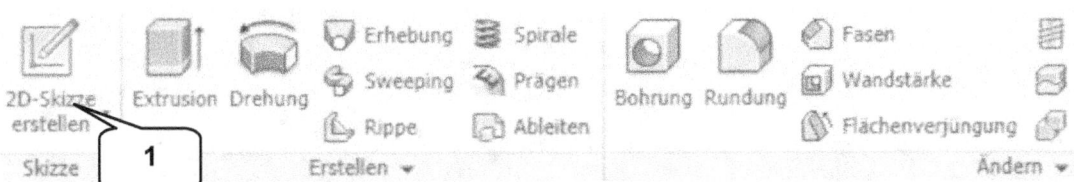

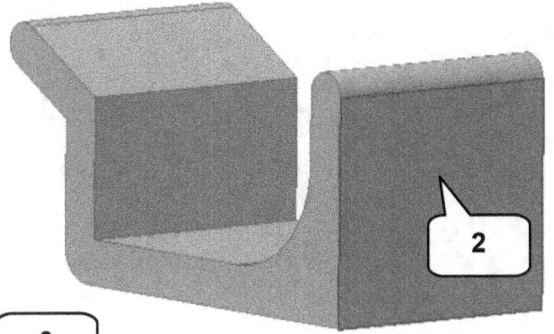

Vom vorhandenen Volumenkörper soll im nächsten Schritt Material entfernt werden. Hierfür muss eine neue **2D-Skizze** (1) auf der Basis der markierten Fläche (2) erstellt werden.

> **2D-Skizze erstellen** (1)
> Markierte Fläche wählen (2)

Da es in den Anwendungsoptionen bereits voreingestellt wurde, sollte sich die gesamte Ansicht jetzt an der neuen Fläche ausrichten. Am **ViewCube** (3) müsste dann die nebenstehende Ansicht **RECHTS** (um 90° gegen den Uhrzeigersinn gedreht) angezeigt werden. Wenn nicht, ist diese Ansicht manuell auszurichten (mit den Pfeilen am ViewCube).

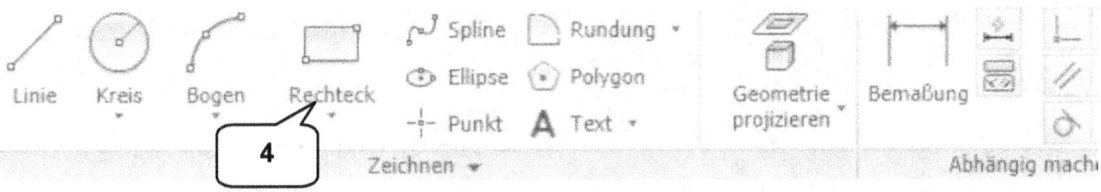

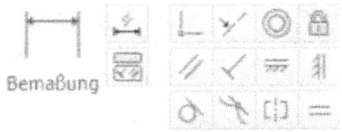

Sobald die Ansicht stimmt sind die 3 Hauptachsen zu projizieren und links neben dem vorhandenen Volumenkörper sowie oberhalb der X-Achse ein **Rechteck** (4) zu zeichnen. Dieses ist anschließend zu bemaßen und zu positionieren.

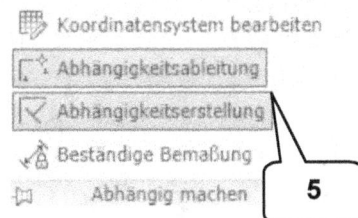

Vor dem Zeichnen des Rechtecks muss erneut die Befehlsgruppe Abhängig machen aufgeklappt werden, um die beiden Optionen **Abhängigkeitsableitung** und **Abhängigkeitserstellung** wieder zu aktivieren (blau unterlegt).

Bauteil: Rumpf-Unterteil

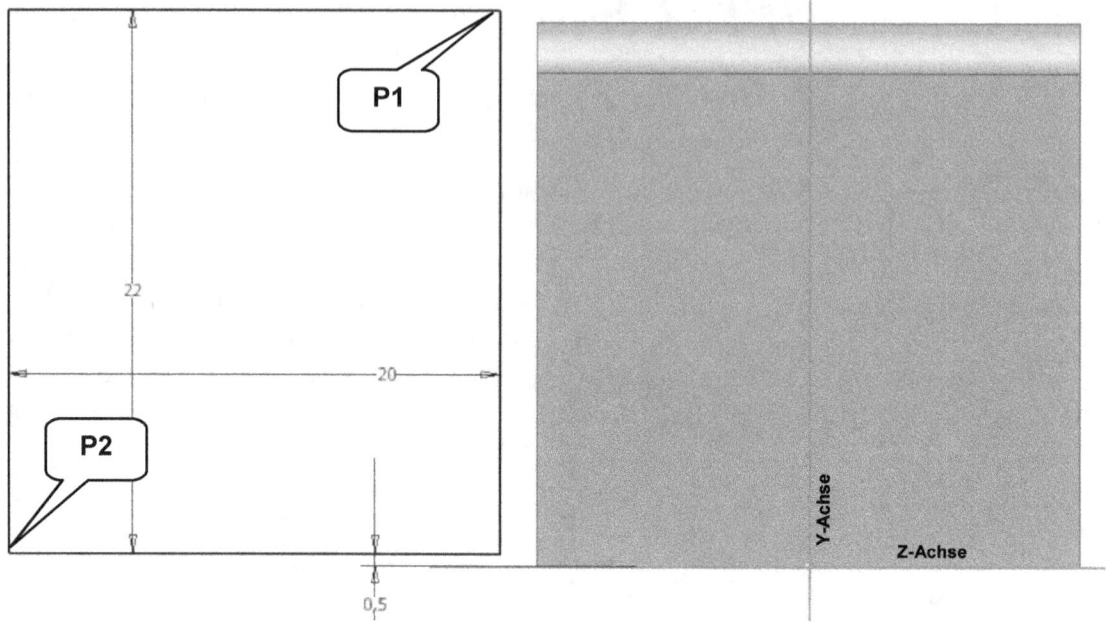

Das Rechteck soll 22 mm hoch und 20 mm breit sein und 0,5 mm oberhalb der Z-Achse sowie symmetrisch zur Y-Achse angeordnet werden.

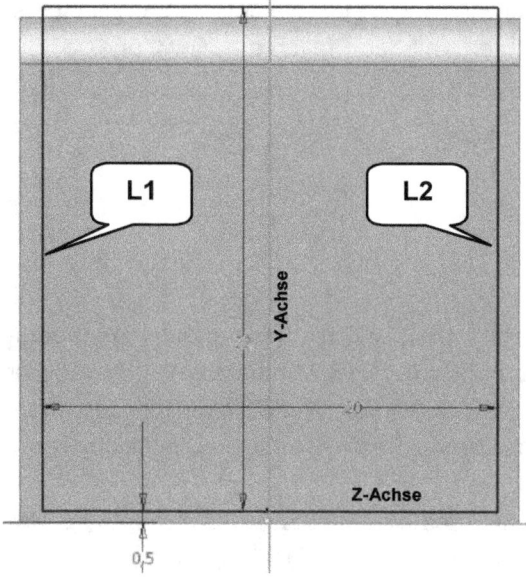

- Befehlsgruppe **Abhängig machen** aufklappen
- Aktivieren: Abhängigkeitsableitung (5)
- Aktivieren: Abhängigkeitserstellung (5)

- **Geometrie projizieren**
- Ordner Ursprung (Modellbaum) aufklappen
- X-, Y-, Z-Achse nacheinander wählen
- **Taste: ESC**

- **Rechteck durch 2 Punkte** (4)
- Punkt (P1) frei ablegen
- Punkt (P2) frei ablegen
- **Taste: ESC**

Bauteil: Rumpf-Unterteil

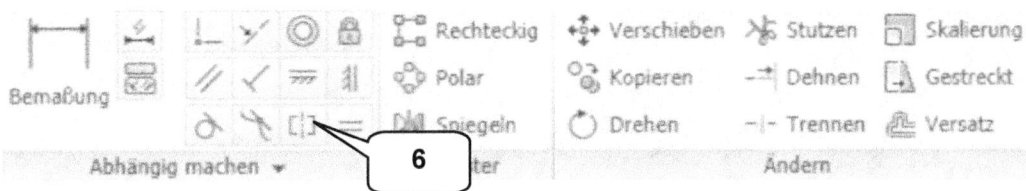

- **Bemaßung**
- Höhe des Rechtecks: 22 mm
- Breite des Rechtecks: 20 mm
- Abstand zur Z-Achse: 0,5 mm
- **Taste: ESC**

- **Abhängigkeit Symmetrisch** (6)
- Linie (L1) wählen
- Linie (L2) wählen
- Y-Achse wählen
- **Taste: ESC**

- **Skizze fertig stellen**

6.11 Extrudieren der Subtraktionsgeometrie

Das gezeichnete Rechteck soll jetzt vom vorhandenen Volumenkörper subtrahiert werden. Da bereits ein Volumenkörper im Bauteil vorhanden ist, stehen 3 Verfahren zur Auswahl (Vereinigung, Differenz, Schnittmenge). Mit dem Befehl **Differenz** wird subtrahiert.

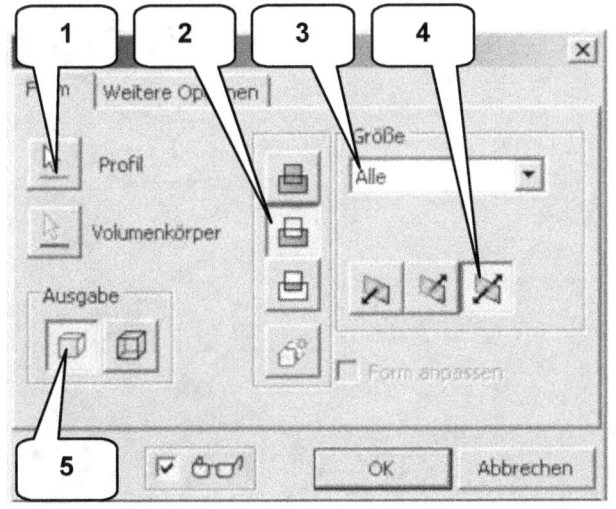
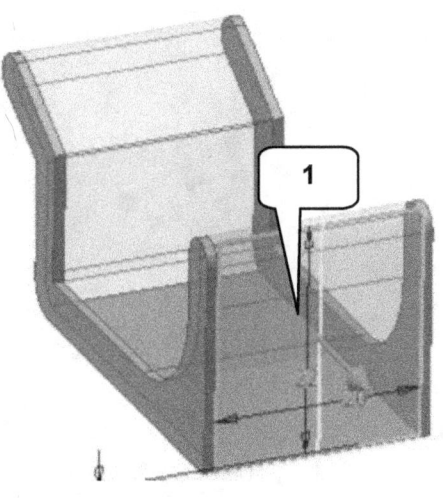

- **Extrusion**
- Profil: Rechteck (1)
- Verfahren: Differenz (2)
- Größe: Alle (3)

- Richtung: Symmetrisch (4)
- Ausgabe: Volumenkörper (5)
- **OK**

6.12 Material hinzufügen

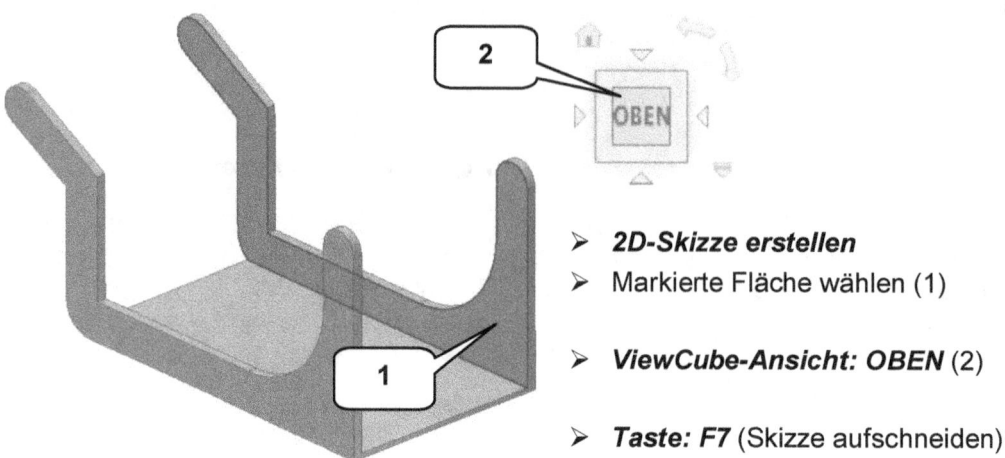

- ➢ **2D-Skizze erstellen**
- ➢ Markierte Fläche wählen (1)
- ➢ **ViewCube-Ansicht: OBEN** (2)
- ➢ **Taste: F7** (Skizze aufschneiden)

*Sollten die Kanten derjenigen Fläche auf der die neue Skizze erzeugt wurde, nicht automatisch projiziert worden sein, ist dies mittels **Geometrie projizieren** manuell nachzuholen. Die **Taste F7** ermöglicht ein Freilegen des Sichtbereiches bis zur Skizze. Dieser Befehl ist nur im Skizzenbereich vorhanden und hat keinen Einfluss auf den Volumenkörper selbst.*

An den abgerundeten Enden soll jeweils ein **Kreis durch Mittelpunkt** (3) gezeichnet werden. Die Mittelpunkte der Kreise liegen auf den jeweiligen projizierten Mittelpunkten der Bogenkanten. Die Durchmesser sind identisch mit jenen der projizierten Bögen. Beide Kreise sind anschließend in einer Höhe von 5,5 mm und unter Verwendung des Verfahrens **Vereinigung** zu extrudieren.

Bauteil: Rumpf-Unterteil

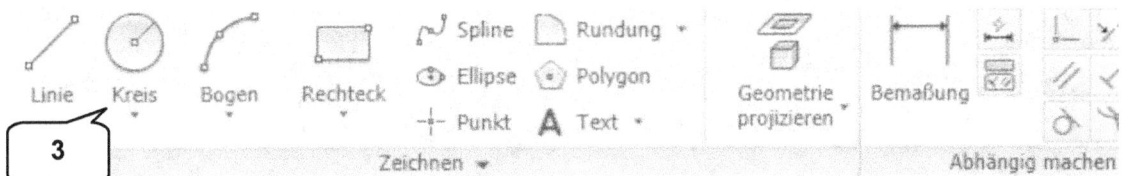

- **Kreis durch Mittelpunkt** (3)
- 1. Punkt Kreis 1: Punkt (P1) wählen
- 2. Punkt Kreis 1: Bogen (B1) wählen
- 1. Punkt Kreis 2: Punkt (P2) wählen

- 2. Punkt Kreis 2: Bogen (B2) wählen
- **Taste: ESC**

- **Skizze fertig stellen**

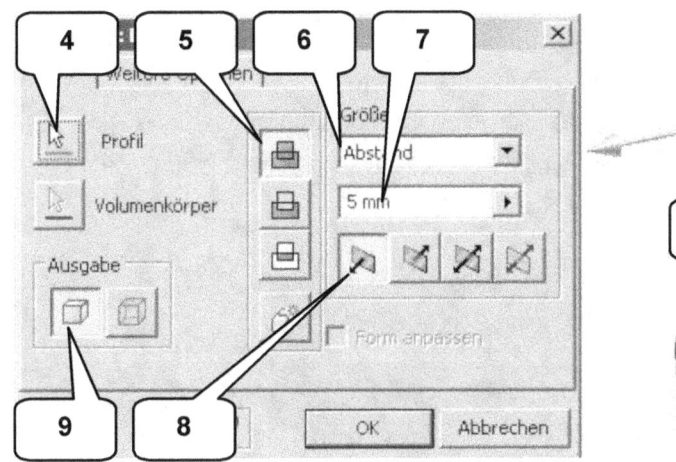
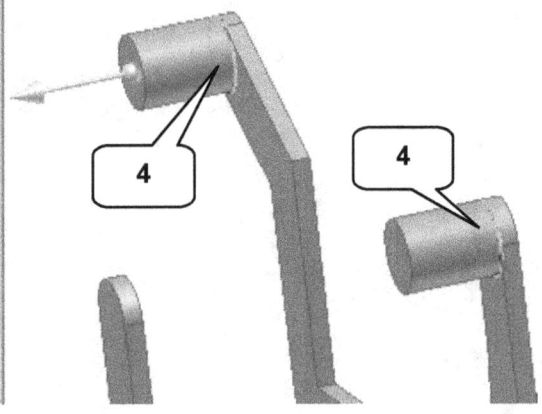

- **Extrusion**
- Profil: Beide Kreise wählen (4)
- Verfahren: Vereinigung (5)
- Größe: Abstand (6)

- Höhe: 5 mm (7)
- Richtung: Richtung 1 (8)
- Ausgabe: Volumenkörper (9)
- **OK**

6.13 Spiegeln des letzten Arbeitsschrittes

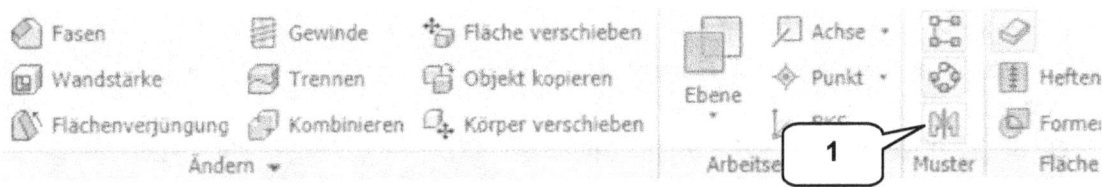

Um den letzten Arbeitsschritt (Hinzufügen der beiden Zylinder) auf der anderen Seite des Volumenkörpers zu wiederholen, kann der Befehl **Spiegeln** (1) verwendet werden. Jetzt zahlt sich das Einbeziehen des Koordinatensystems in die 2D-Skizze aus, da die XY-Ebene als Spiegelebene verwendet werden kann.

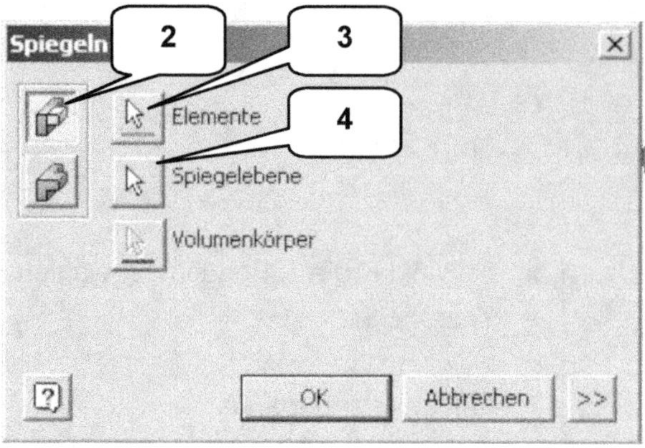

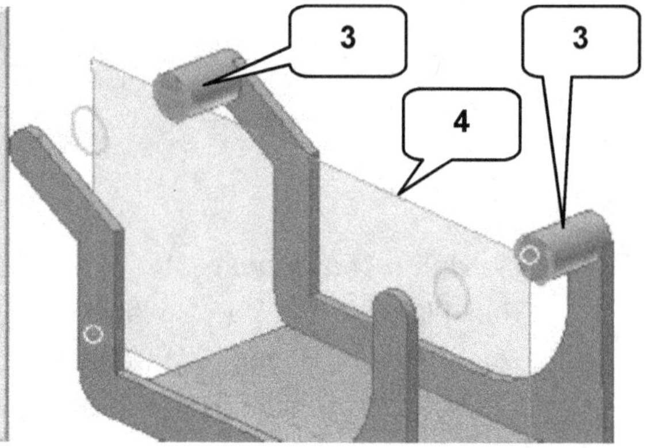

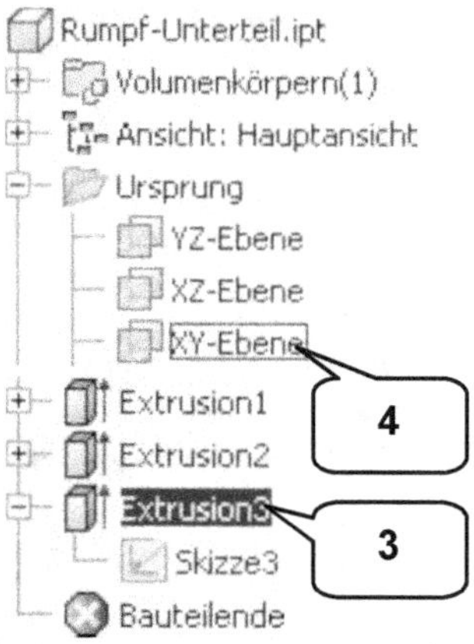

Bauteil: Rumpf-Unterteil

> **Spiegeln** (1)
> Option: Einzelne Elemente spiegeln (2)
> Elemente: Letzte Extrusion im Modellbaum wählen (3)
> Spiegelebene: XY-Ebene (Ordner Ursprung) wählen (4)
> **OK**

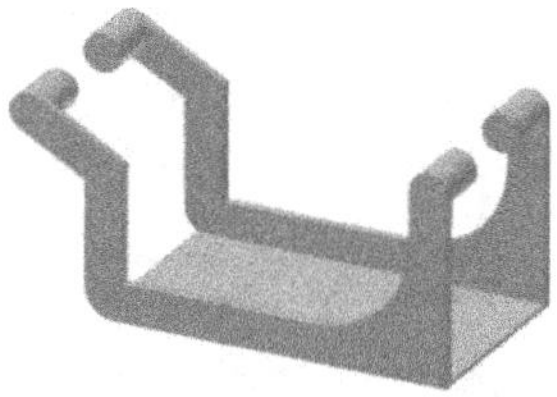

6.14 Konzentrisches Bohren der Zylinder

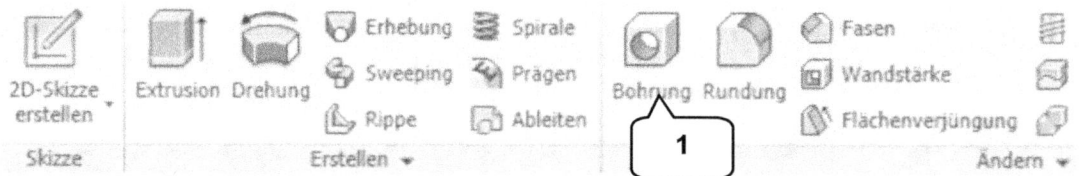

Alle 4 Zylindersegmente sollen abschließend mit einer **Bohrung** (1) versehen werden. Aufgrund der vorhandenen runden Referenzen (Zylinder) ist der Bohrungstyp **Konzentrisch** zu verwenden. Der Bohrungsdurchmesser soll 2,1 mm betragen. Bohrungen dieses Typs können immer nur einzeln erzeugt werden, daher sind 2 separate Arbeitsschritte notwendig.

Bauteil: Rumpf-Unterteil

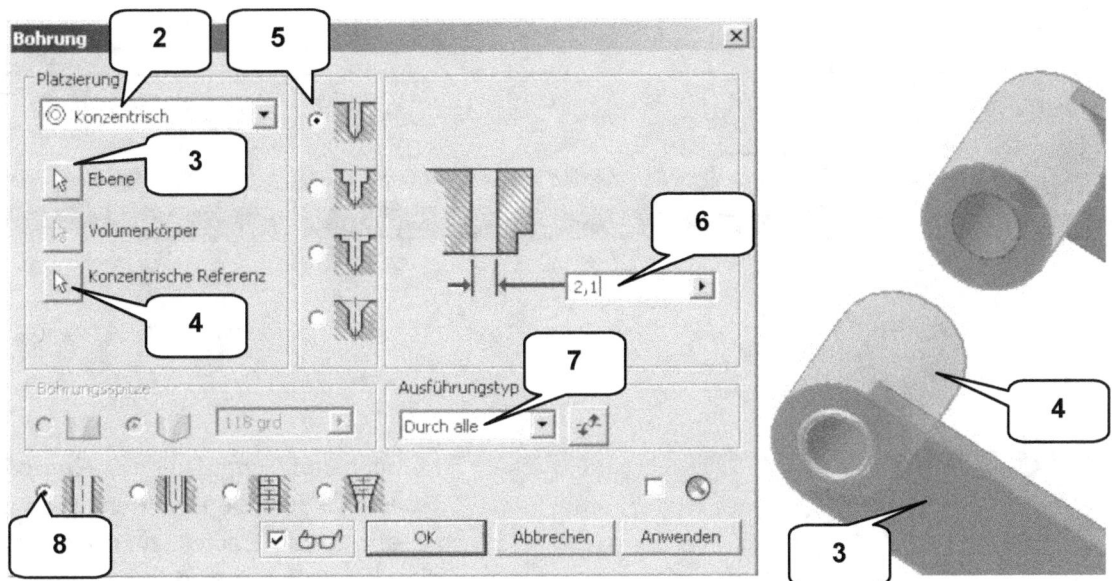

- **Bohrung** (1)
- Platzierungstyp: Konzentrisch (2)
- Ebene: Markierte Fläche wählen (3)
- Konzentrische Referenz: Markierte Zylinderfläche wählen (4)
- Option: Bohren (5)
- Bohrungsdurchmesser: 2,1 mm (6)
- Ausführungstyp: Durch alle (7)
- Option: Einfache Bohrung (8)
- **OK**

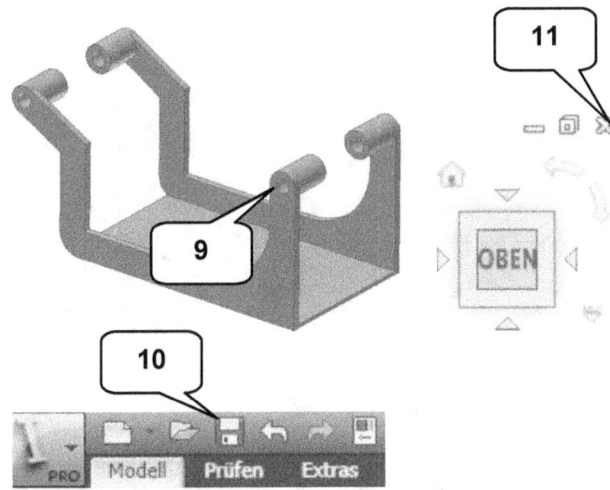

Der Befehl **Bohrung** ist auf der gegenüberliegenden Seite bei den beiden übrig gebliebenen Zylindern (9) mit identischen Werten zu wiederholen.

Das Bauteil ist damit fertiggestellt und kann gespeichert (10) und geschlossen (11) werden.

- **Speichern** (10)
- **Datei schließen** (11)

7 Bauteil: Rumpf-Oberteil

7.1 Erstellen der neuen Datei und Zeichnen der Basiskontur

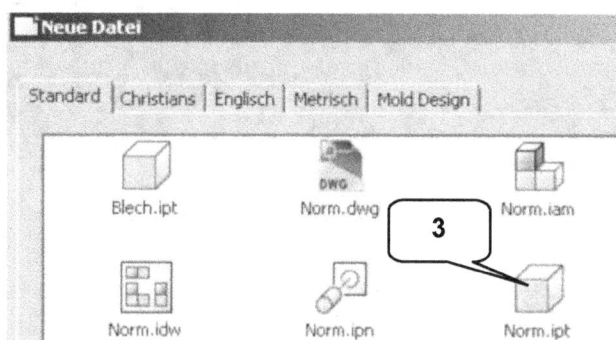

Im nächsten Schritt soll das **Rumpf-Oberteil** konstruiert werden. Hierfür ist ein neues Bauteil zu erzeugen, die Hauptachsen sind zu projizieren und die unten dargestellte Kontur ist zu zeichnen.

➢ **Register: Erste Schritte** (1)
➢ **Neu** (2)
➢ Vorlage: Norm.ipt (3)
➢ **OK**

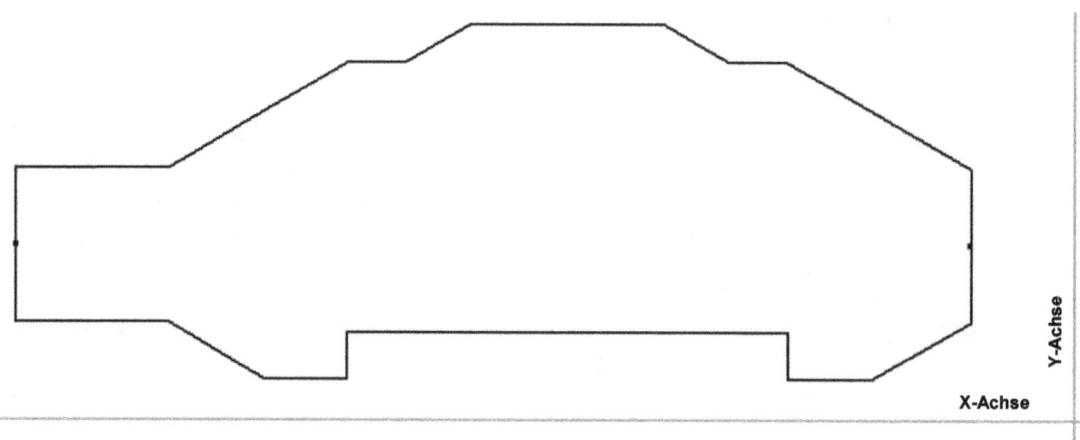

➢ **Geometrie projizieren**
➢ Ordner Ursprung aufklappen
➢ 3 Hauptachsen wählen
➢ **Taste: ESC**

➢ **Linie**
➢ Oben dargestellte geschlossene Kontur aus insgesamt 18 Linien zeichnen
➢ **Taste: ESC**

Die vertikalen und horizontalen Linien sind mit den entsprechenden **Abhängigkeiten** zu versehen. Sollten diese bereits während des Zeichnens erzeugt worden sein, weist das Programm darauf hin.

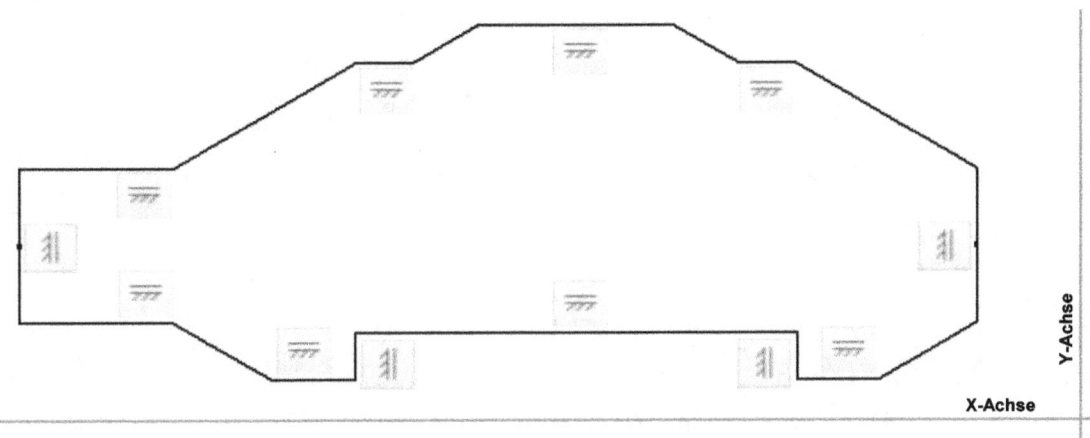

> **Abhängigkeit Horizontal**
> Linien wählen wie dargestellt
> **Taste: ESC**

> **Abhängigkeit Vertikal**
> Linien wählen wie dargestellt
> **Taste: ESC**

Im Anschluss sind die folgenden **Bemaßungen** (Längen/Winkel) zu vergeben.

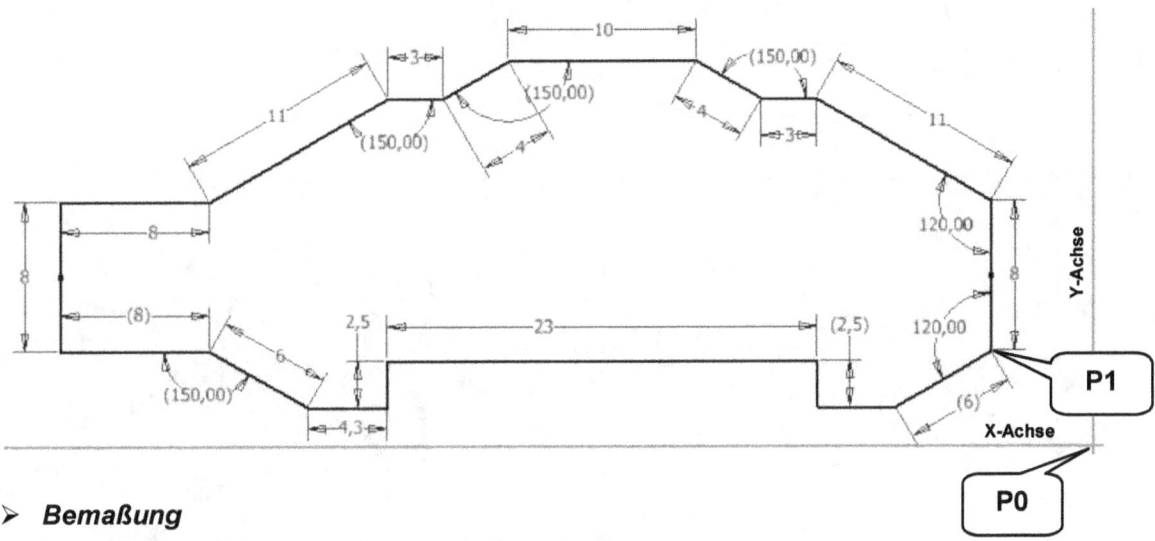

> **Bemaßung**
> Längen und Winkel übernehmen wie dargestellt
> **Taste: ESC**

Bauteil: Rumpf-Oberteil

Die Linienkontur sollte jetzt vollständig bemaßt sein, lediglich der Bezug zum Koordinatenursprung fehlt noch. Dies ist mittels Abhängigkeit **Koinzident** von Punkt (P1) der Linienkontur und Koordinatenursprungspunkt (P0) zu erzeugen. Anschließend die Skizze beenden.

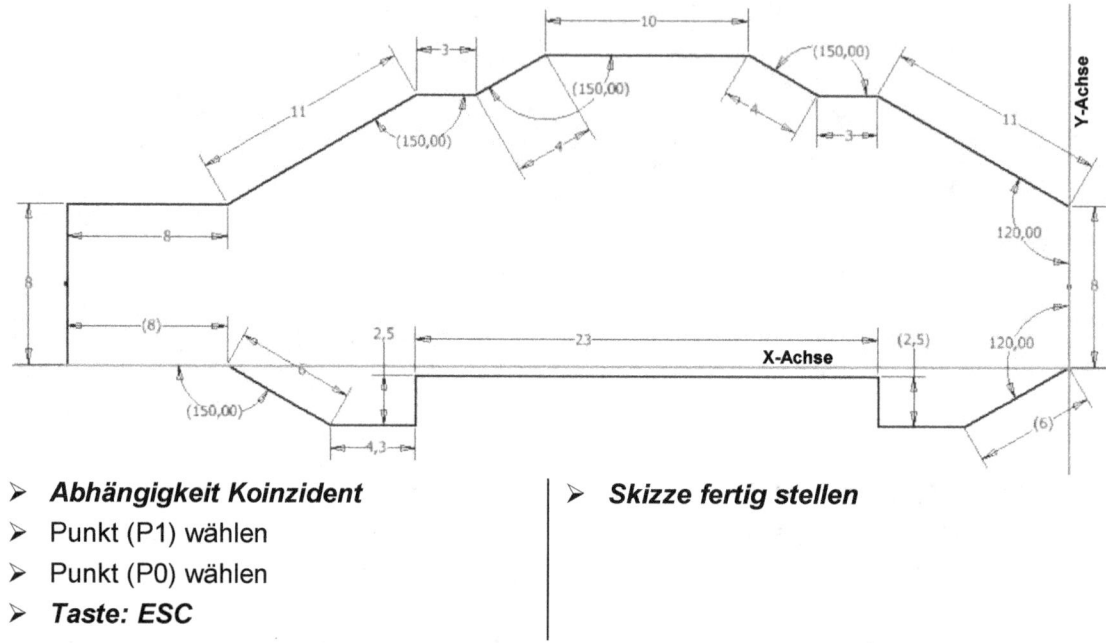

- **Abhängigkeit Koinzident**
- Punkt (P1) wählen
- Punkt (P0) wählen
- **Taste: ESC**

- **Skizze fertig stellen**

7.2 Extrudieren der Basiskontur

Die geschlossene Linienkontur soll jetzt symmetrisch um 10 mm *extrudiert* werden.

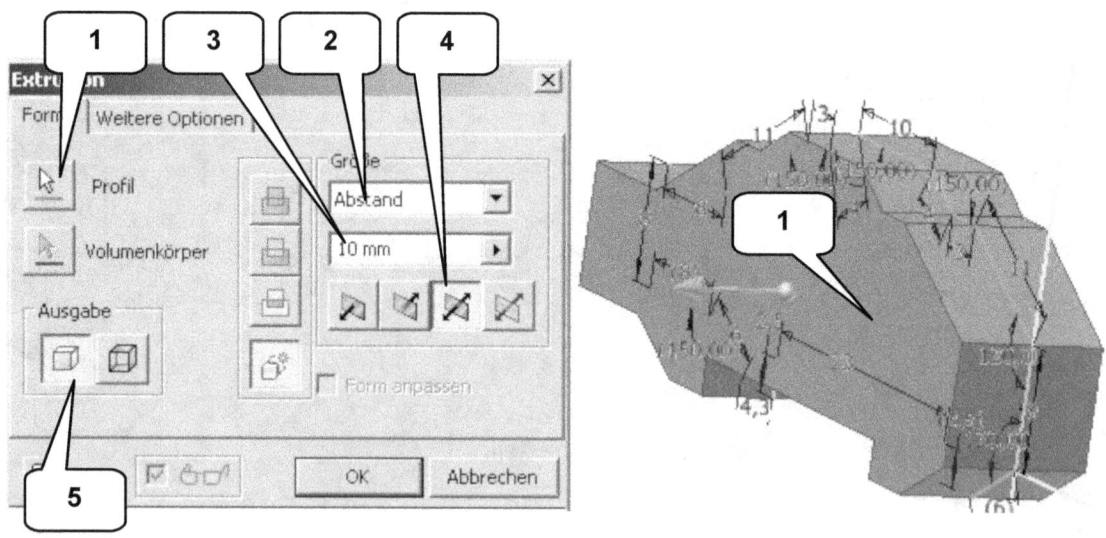

- **Extrusion**
- Profil: Linienkontur wählen (1)
- Größe: Abstand (2)
- Wert: 10 mm (3)
- Richtung: Symmetrisch (4)
- Ausgabe: Volumenkörper (5)
- **OK**

*Da die projizierte X-Achse einen kleinen Teil im unteren Bereich der gezeichneten Linienkontur schneidet, muss bei der Auswahl des Profils darauf geachtet werden, dass der **gesamte Bereich** der Linienkontur ausgewählt wurde. Ist dies nicht der Fall, ist der untere, abgetrennte Bereich zusätzlich auszuwählen.*

7.3 Zeichnen einer Subtraktionsgeometrie

Vom vorhandenen Volumenkörper soll im nächsten Arbeitsschritt Material entfernt werden. Hierfür muss auf der XZ-Ebene eine neue **2D-Skizze** erzeugt, die Hauptachsen projiziert und die Ansicht ausgerichtet werden.

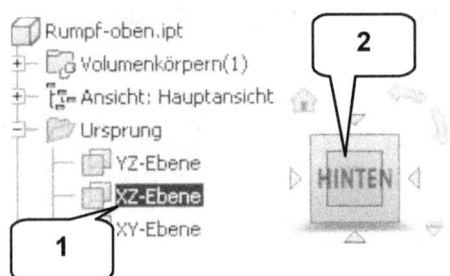

- **2D-Skizze erstellen**
- Ordner Ursprung aufklappen
- XZ-Ebene wählen (1)

- **ViewCube-Ansicht: HINTEN** (2)

- **Taste: F7** (Skizze aufschneiden)

- **Geometrie projizieren**
- X-, Y-, Z-Achse wählen
- **Taste: ESC**

Oberhalb des vorhandenen Volumenkörpers und 8 mm rechts neben der projizierten Z-Achse soll ein **Rechteck** mit den Abmessungen 34 x 9 mm gezeichnet werden, welches anschließend symmetrisch zur X-Achse anzuordnen ist.

Bauteil: Rumpf-Oberteil

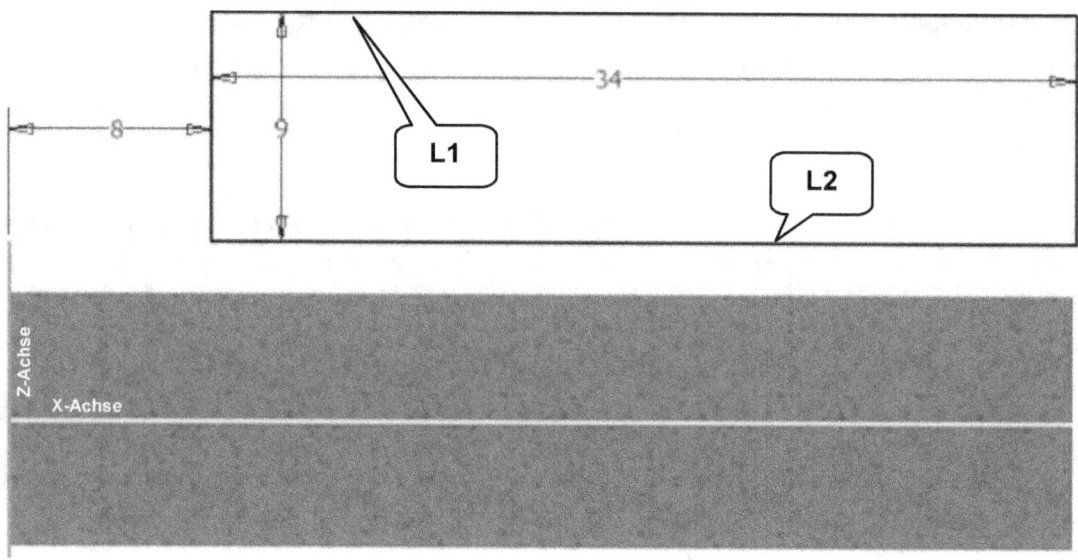

- **Rechteck**
- Rechteck zeichnen wie dargestellt
- **Taste: ESC**

- **Bemaßung**
- Bemaßen wie dargestellt
- **Taste: ESC**

- **Abhängigkeit Symmetrisch**
- Linie (L1) wählen
- Linie (L2) wählen
- Projizierte X-Achse wählen
- **Taste: ESC**

Die Skizze ist im Anschluss durch einen **Kreis durch Mittelpunkt** (3) zu vervollständigen (Durchmesser 9 mm, Mittelpunkt auf projizierter X-Achse, 21 mm rechts neben der projizierten Z-Achse). Die Skizze kann im Anschluss beendet werden.

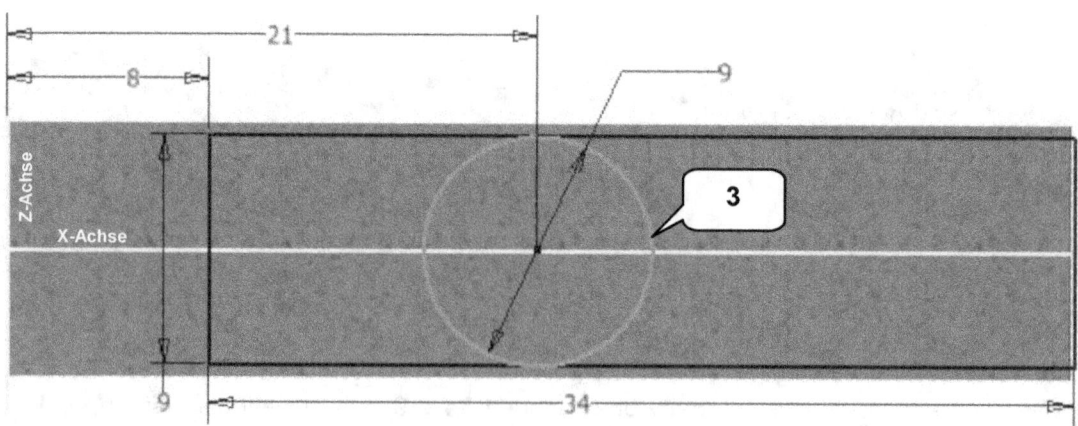

> *Kreis durch Mittelpunkt*
> Mittelpunkt auf X-Achse setzen
> Durchmesser: 9 mm
> *Taste: ENTER*
> *Taste: ESC*

> *Bemaßung*
> Mittelpunkt des Kreises wählen
> Projizierte Z-Achse wählen
> Wert: 21 mm
> *Taste: ESC*

> *Skizze fertig stellen*

7.4 Extrudieren der Subtraktionsgeometrie

Die gezeichnete Skizzengeometrie muss jetzt vom vorhandenen Volumenkörper mittels *Extrusion* subtrahiert werden (Differenz). Hierbei ist darauf zu achten, dass nur jene Flächenabschnitte innerhalb des Rechtecks gewählt werden, welche bis an den Kreis heranragen (1). Der Kreis selbst darf nicht subtrahiert werden.

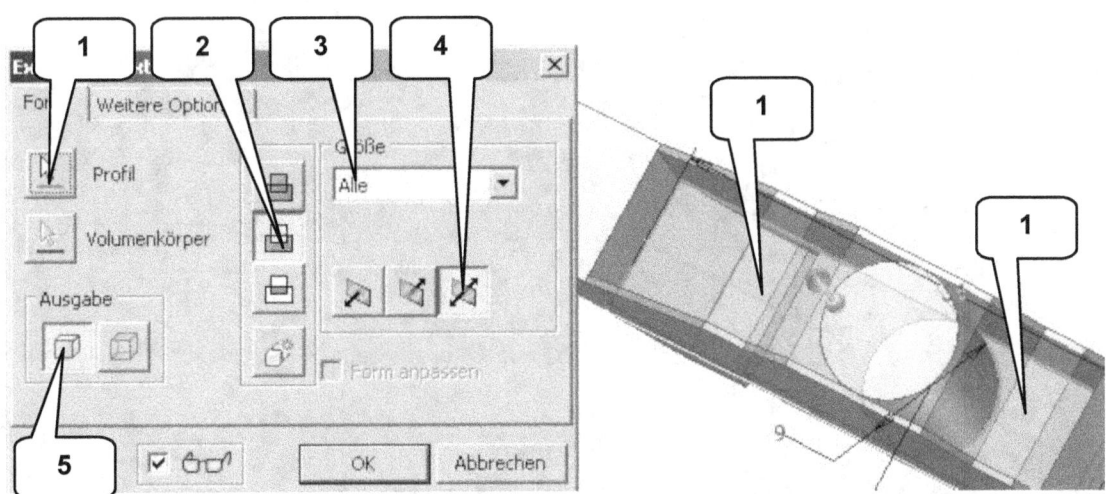

> *Extrusion*
> Profil: Beide markierte Flächen (1)
> Verfahren: Differenz (2)
> Größe: Alle (3)
> Richtung: Symmetrisch (4)
> Ausgabe: Volumenkörper (5)
> *OK*

Bauteil: Rumpf-Oberteil

7.5 Platzieren einer linearen Bohrung

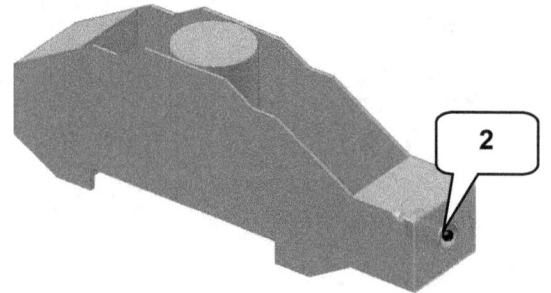

Auf der nebenstehend markierten Fläche (2) soll eine **Bohrung** mit einem Durchmesser von 3 mm und einer Tiefe von 4 mm erstellt werden. Als Platzierungstyp ist die Option **Linear** (1) zu verwenden, wobei die beiden Kanten (3, 4) als Referenzen dienen.

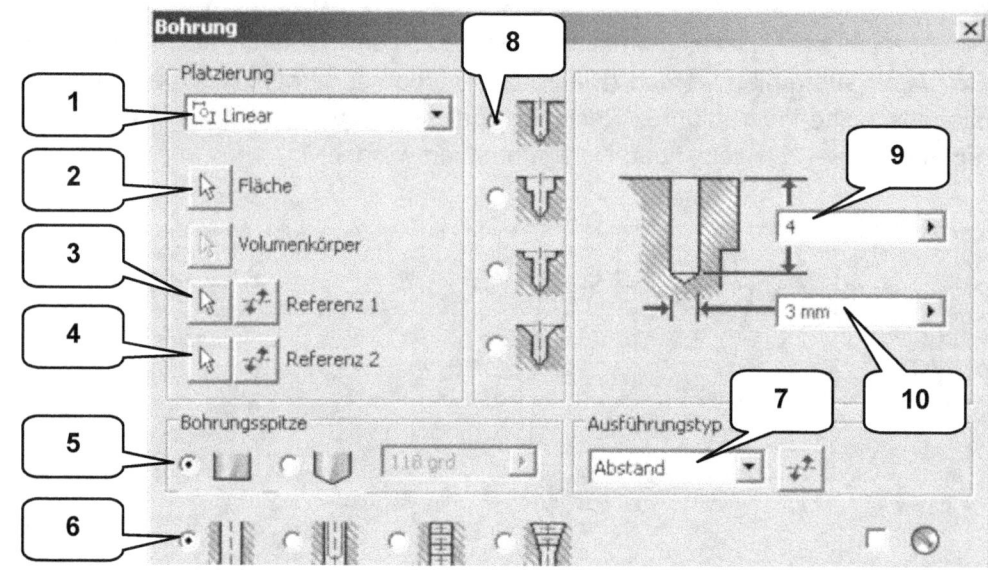

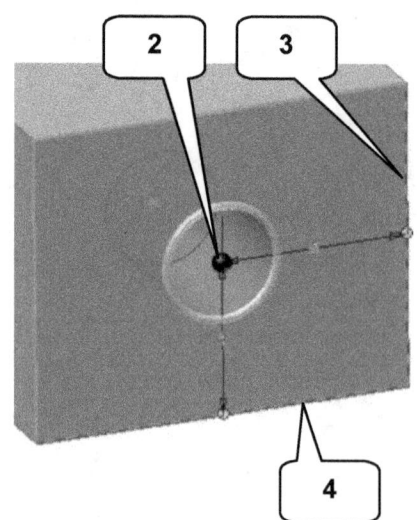

- ➢ **Bohrung**
- ➢ Platzierungstyp: Linear (1)
- ➢ Fläche: Markierte Fläche (2) wählen
- ➢ Referenz 1: Markierte Kante (3), Abstand: 5 mm
- ➢ Referenz 2: Markierte Kante (4), Abstand: 4 mm
- ➢ Bohrungsspitze: Flach (5)
- ➢ Option: Einfache Bohrung (6)
- ➢ Ausführungstyp: Abstand (7)
- ➢ Option: Bohrung (8)
- ➢ Bohrungstiefe: 4 mm (9)
- ➢ Bohrungsdurchmesser: 3 mm (10)
- ➢ **OK**

Bauteil: Rumpf-Oberteil

7.6 Platzieren einer konzentrischen Bohrung

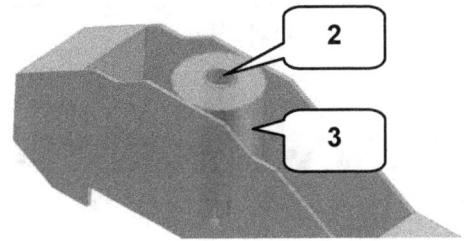

Im vorläufig letzten Arbeitsschritt an diesem Bauteil soll auf der markierten Fläche des Zylinders (2) eine konzentrische **Bohrung** mit einem Durchmesser von 2 mm und einer Tiefe von 5 mm vorgenommen werden.

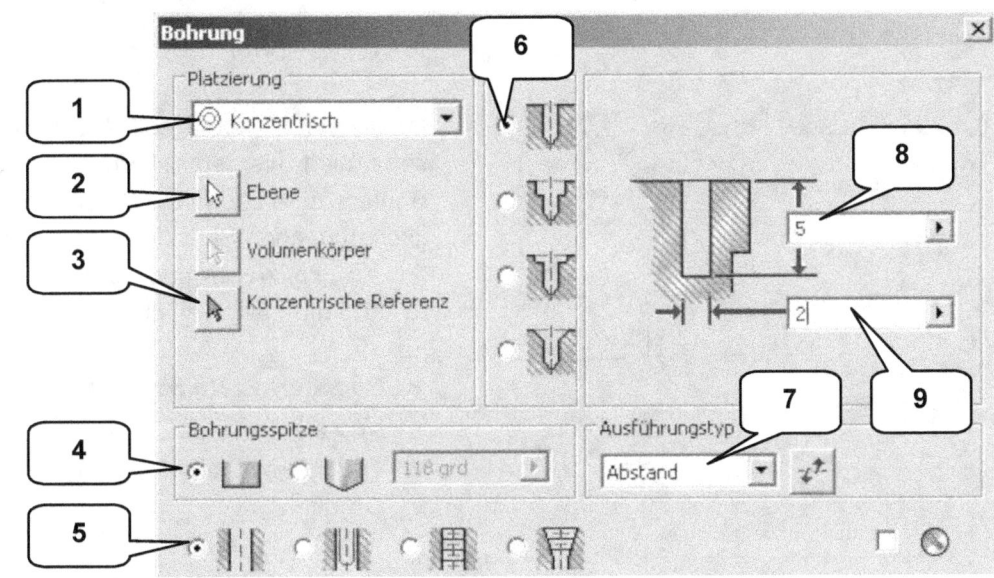

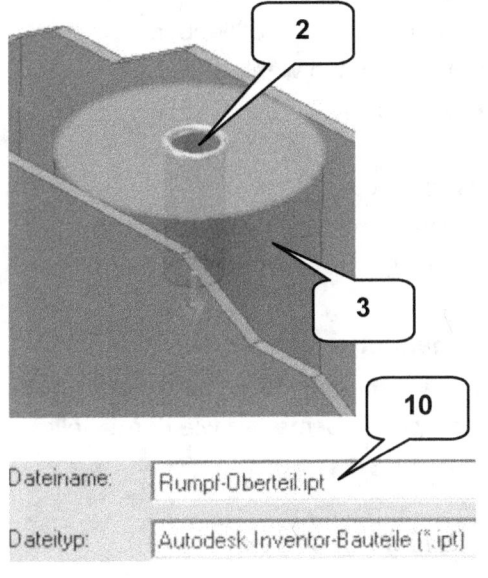

> **Bohrung**
> Platzierungstyp: Konzentrisch (1)
> Ebene: Markierte Fläche wählen (2)
> Konzentrische Referenz: Zylinderfläche (3)
> Bohrungsspitze: Flach (4)
> Option: Einfache Bohrung (5)
> Option: Bohrung (6)
> Ausführungstyp: Abstand (7)
> Bohrungstiefe: 5 mm (8)
> Bohrungsdurchmesser: 2 mm (9)
> **OK**

> **Speichern** als: *Rumpf-Oberteil* (10)
> *Datei schließen*

8 Bauteil: Landegestell

8.1 Erstellen der neuen Datei und Zeichnen der ersten Skizze

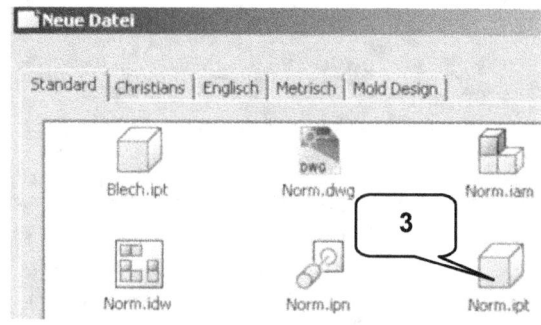

Im nächsten Schritt soll das **Landegestell** konstruiert werden. Hierfür ist ein neues Bauteil zu erzeugen. In der sich automatisch öffnenden Skizze sind die 3 Hauptachsen zu *projizieren* und es ist ein *Rechteck* (5 x 1,5 mm) ist zu zeichnen.

> *Register: Erste Schritte* (1)
> *Neu* (2)
> Vorlage: Norm.ipt (3)
> *OK*

> *Geometrie projizieren*
> Ordner Ursprung aufklappen
> 3 Hauptachsen wählen
> *Taste: ESC*

> *Rechteck*
> Rechteck zeichnen wie dargestellt
> *Taste: ESC*

> *Bemaßung*
> Größe des Rechtecks und Abstand zu den Achsen bemaßen wie dargestellt
> *Taste: ESC*

> *Skizze fertig stellen*

8.2 Zeichnen der zweiten Skizze

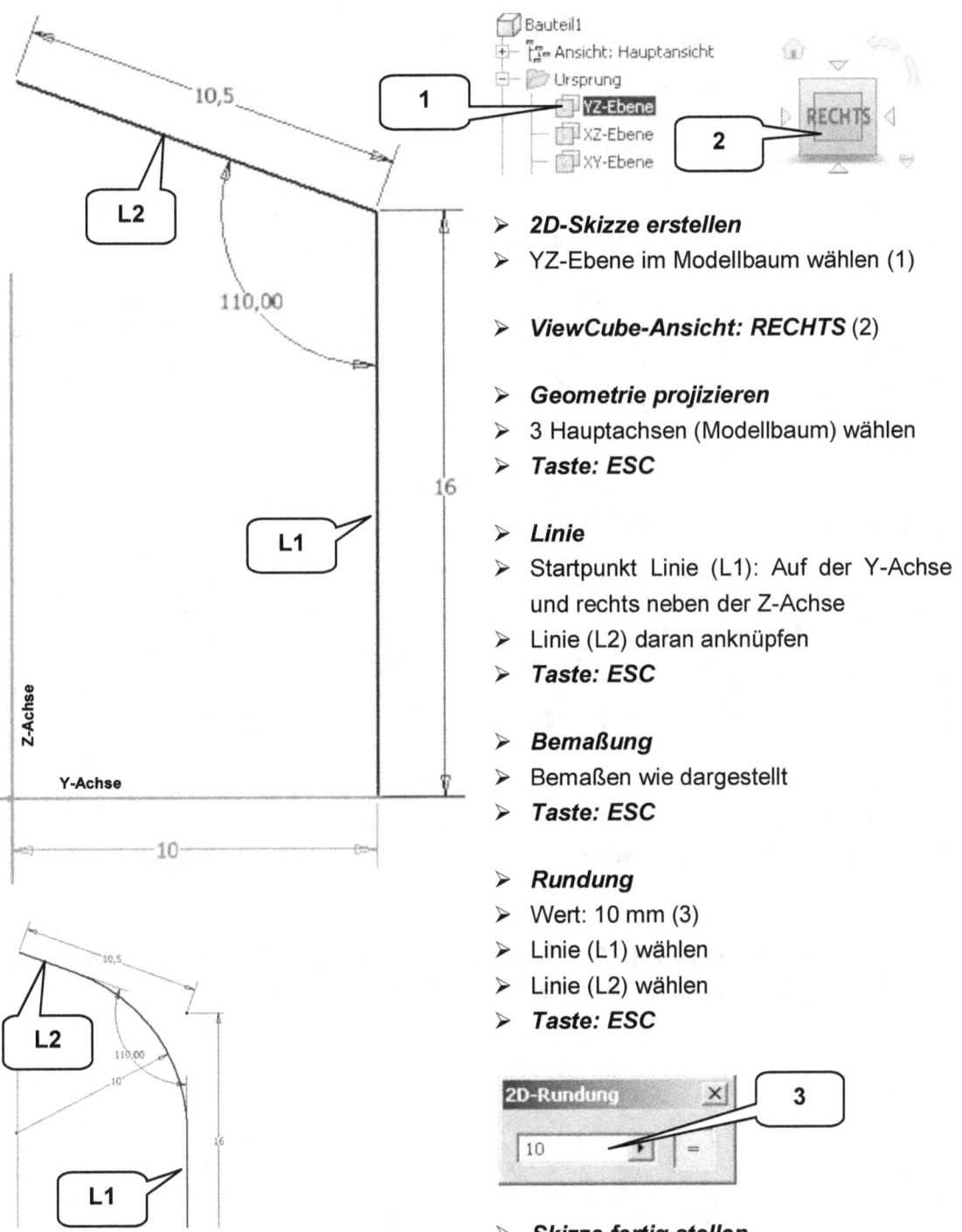

- **2D-Skizze erstellen**
- YZ-Ebene im Modellbaum wählen (1)

- **ViewCube-Ansicht: RECHTS** (2)

- **Geometrie projizieren**
- 3 Hauptachsen (Modellbaum) wählen
- *Taste: ESC*

- **Linie**
- Startpunkt Linie (L1): Auf der Y-Achse und rechts neben der Z-Achse
- Linie (L2) daran anknüpfen
- *Taste: ESC*

- **Bemaßung**
- Bemaßen wie dargestellt
- *Taste: ESC*

- **Rundung**
- Wert: 10 mm (3)
- Linie (L1) wählen
- Linie (L2) wählen
- *Taste: ESC*

- **Skizze fertig stellen**

Bauteil: Landegestell

8.3 Erstellen des Sweeping-Objektes

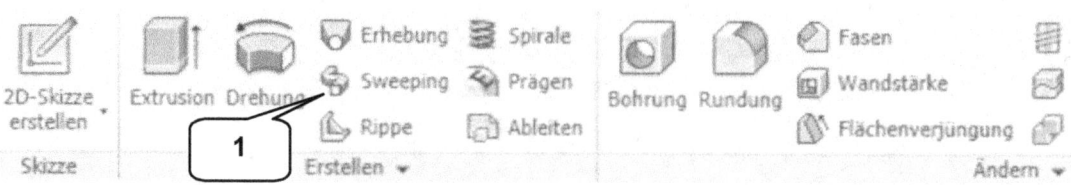

Das Rechteck aus Skizze 1 soll jetzt entlang des Pfades aus Skizze 2 mit dem Befehl **Sweeping** (1) geführt und in einen Volumenkörper konvertiert werden.

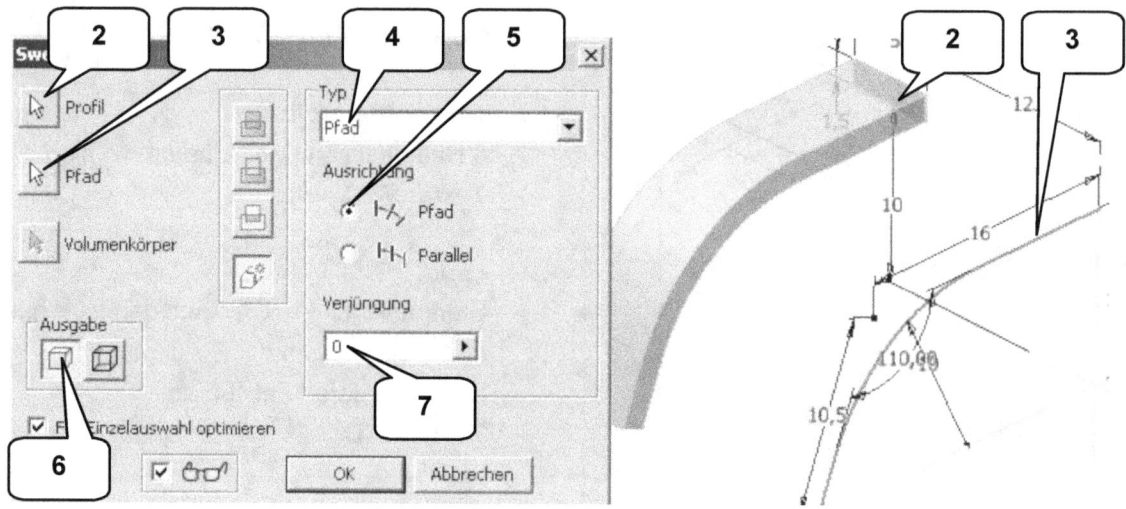

- **Sweeping** (1)
- Profil: Rechteck (Skizze 1) wählen (2)
- Pfad: Kontur (Skizze 2) wählen (3)
- Typ: Pfad (4)

- Ausrichtung: Pfad (5)
- Ausgabe: Volumenkörper (6)
- Verjüngung: 0° (7)
- **OK**

Die Frage **Pfad schneidet Profil nicht** kann mit **Ja** beantwortet werden. Sie könnte unter Umständen auftauchen, nachdem der Befehl mit OK bestätigt wurde.

8.4 Spiegeln des Sweeping-Objektes

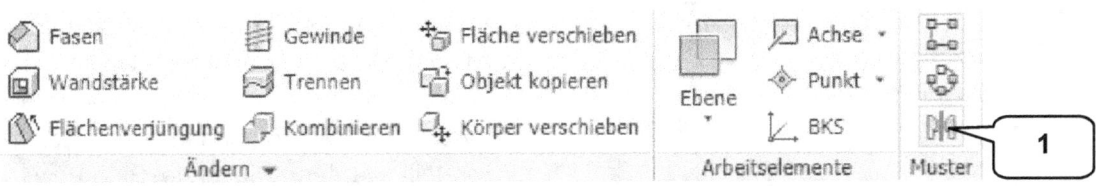

Das Sweeping-Objekt soll jetzt an der YZ-Ebene *gespiegelt* (1) und somit kopiert werden.

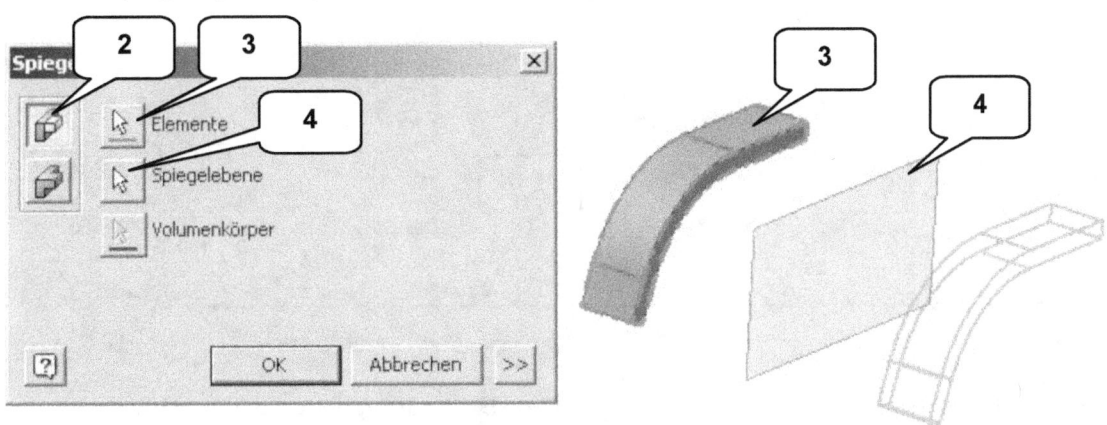

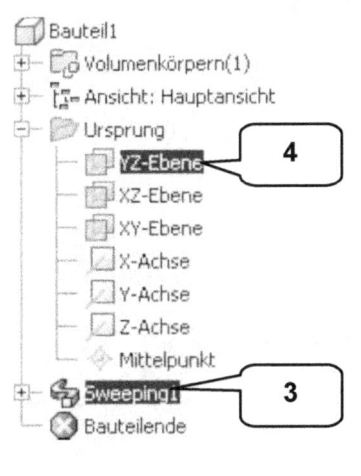

- ➤ *Spiegeln* (1)
- ➤ Option: Einzelne Elemente spiegeln (2)
- ➤ Elemente: Sweeping1 (Modellbaum) wählen (3)
- ➤ Spiegelebene: YZ-Ebene (Modellbaum) wählen (4)
- ➤ *OK*

Nach den beiden ersten Arbeitsschritten sollte das neue Bauteil gespeichert werden.

- ➤ *Speichern*
- ➤ Dateiname: *Landegestell* (5)
- ➤ Dateityp: (*.ipt)
- ➤ *Speichern*

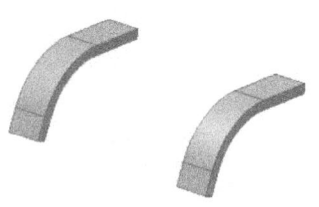
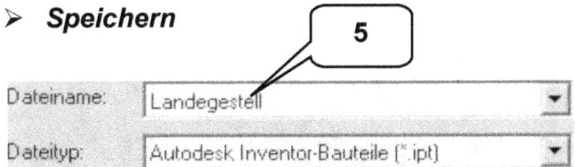

8.5 Zeichnen weiterer Skizzen

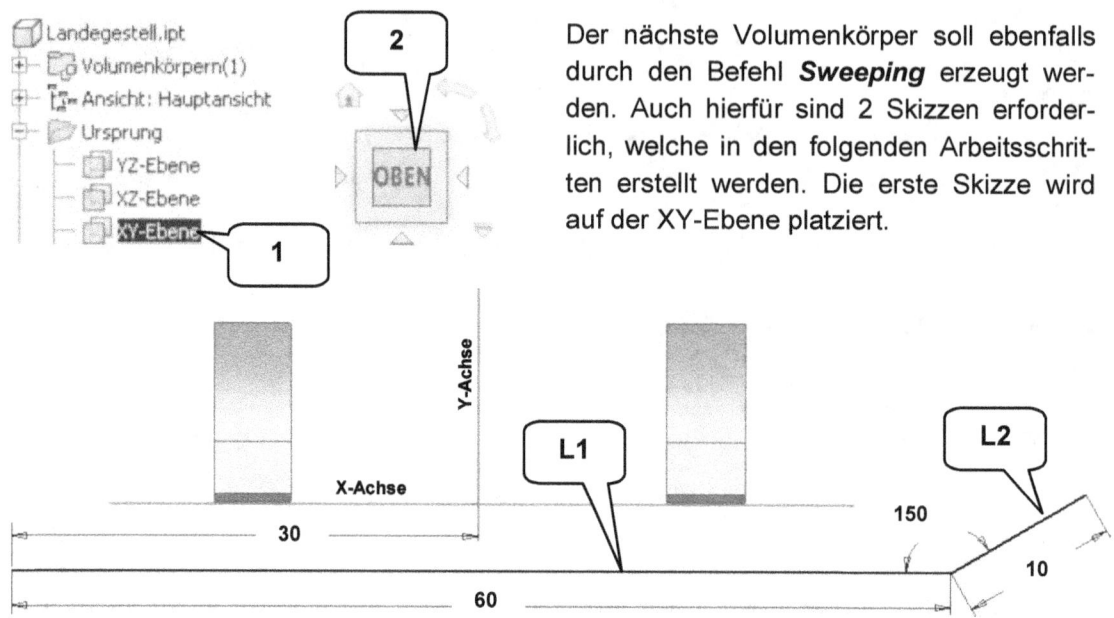

Der nächste Volumenkörper soll ebenfalls durch den Befehl **Sweeping** erzeugt werden. Auch hierfür sind 2 Skizzen erforderlich, welche in den folgenden Arbeitsschritten erstellt werden. Die erste Skizze wird auf der XY-Ebene platziert.

> **2D-Skizze erstellen**
> XY-Ebene im Modellbaum wählen (1)

> **ViewCube-Ansicht: OBEN** (2)

> **Geometrie projizieren**
> 3 Hauptachsen wählen
> **Taste: ESC**

> **Linie**
> Linienkontur (L1, L2) unterhalb der projizierten X-Achse zeichnen wie dargestellt
> **Taste: ESC**

> **Bemaßung**
> Bemaßen wie dargestellt
> **Taste: ESC**

> **Rundung**
> Wert: 10 mm (3)
> Linie (L1) wählen
> Linie (L2) wählen
> **Taste: ESC**

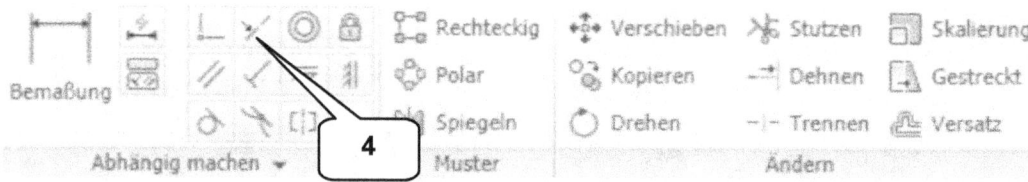

Die Linie (L1) soll jetzt mittels Abhängigkeit **Kollinear** (4) auf der X-Achse platziert werden.

Bauteil: Landegestell

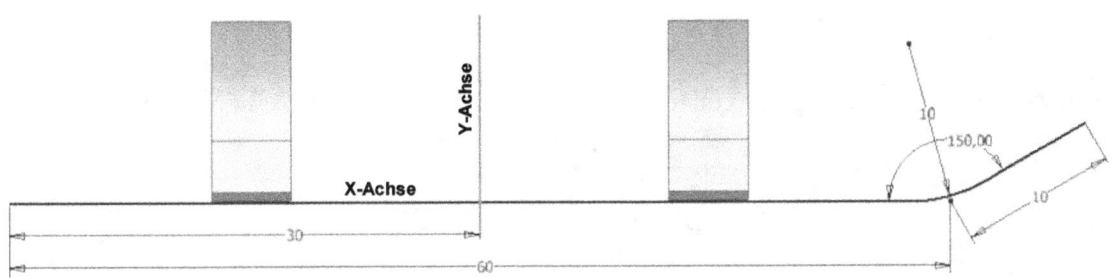

- **Abhängigkeit Kollinear** (4)
- Linie (L1) wählen
- Projizierte X-Achse wählen

- **Taste: ESC**

- **Skizze fertig stellen**

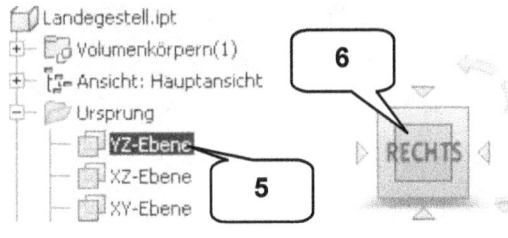

Die zweite Skizze ist auf der YZ-Ebene zu platzieren. Auch hier sind die Hauptachsen zu projizieren. Sie wird lediglich einen Kreis enthalten, welcher anschließend entlang des in der ersten Skizze gezeichneten Pfades geführt werden soll.

- **2D-Skizze erstellen**
- YZ-Ebene im Modellbaum wählen (5)

- **ViewCube-Ansicht: RECHTS** (6)

- **Geometrie projizieren**
- 3 Hauptachsen wählen
- **Taste: ESC**

- **Kreis durch Mittelpunkt**
- Kreis zeichnen (Mittelpunkt auf Z-Achse)
- **Taste: ESC**

- **Bemaßung**
- Bemaßen wie dargestellt
- **Taste: ESC**

- **Skizze fertig stellen**

8.6 Erstellen des Sweeping-Objektes

Der Kreis soll jetzt entlang der Linienkontur aus Skizze 1 in einen Volumenkörper konvertiert werden. Auch hier ist der Befehl **Sweeping** zu verwenden.

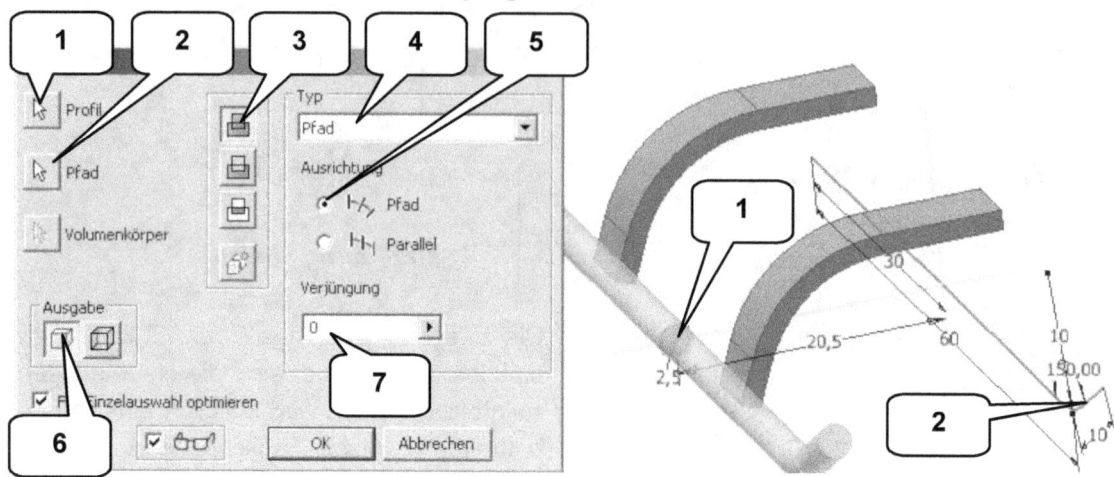

- **Sweeping**
- Profil: Kreis (Skizze 2) wählen (1)
- Pfad: Kontur (Skizze 1) wählen (2)
- Verfahren: Vereinigung (3)
- Typ: Pfad (4)

- Ausrichtung: Pfad (5)
- Ausgabe: Volumenkörper (6)
- Verjüngung: 0° (7)
- **OK**

Bei der Auswahl des Pfades sollte die Linienkontur im vorderen Bereich (Linie L2) angeklickt werden, um eine unbeabsichtigte Auswahl der projizierten X-Achse zu vermeiden.

8.7 Runden des letzten Sweeping-Objektes

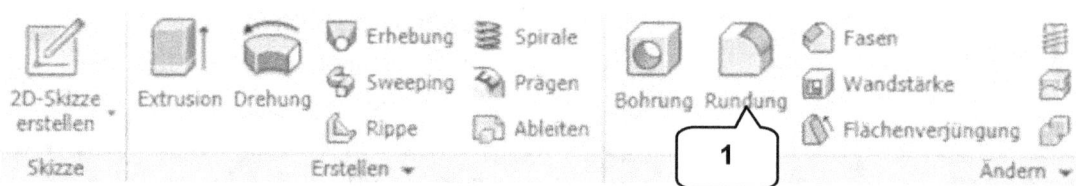

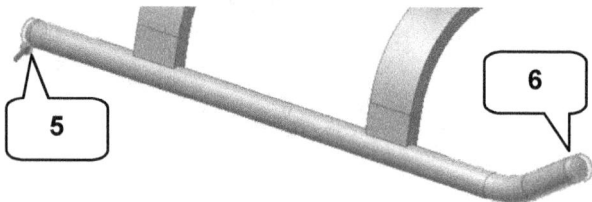

Die Zylinderkanten am Anfang und am Ende des zuletzt erzeugten Sweeping-Objektes sind jetzt mit dem Befehl **Rundung** und einem Radius von 1 mm zu runden.

Bauteil: Landegestell

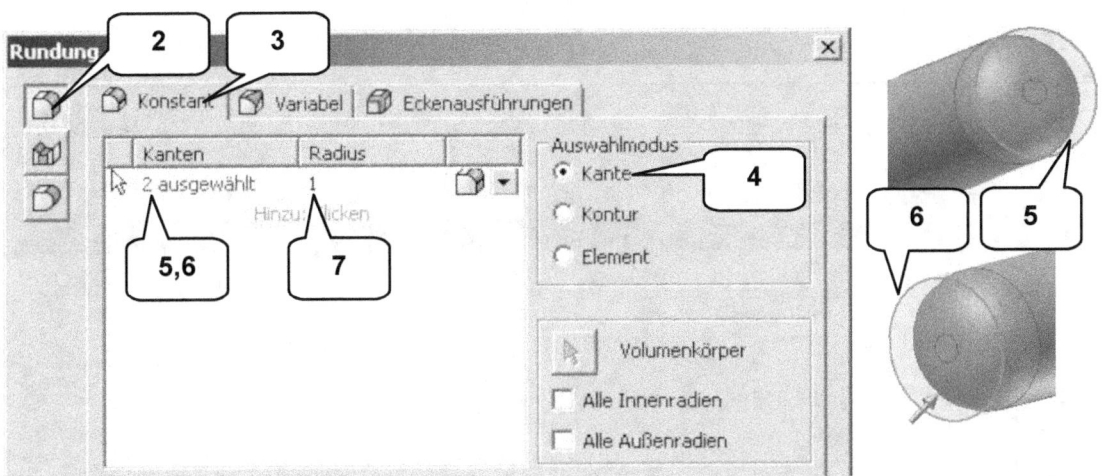

- ➢ **Rundung** (1)
- ➢ Option: Kantenabrundung (2)
- ➢ Reiter: Konstant (3)
- ➢ Auswahlmodus: Kante (4)

- ➢ Kanten: Zylinderkanten wählen (5, 6)
- ➢ Radius: 1 mm (7)
- ➢ **OK**

8.8 Spiegeln des gesamten Volumenkörpers

Der gesamte Volumenkörper soll jetzt an der XY-Ebene *gespiegelt* werden. Das Bauteil kann anschließend gespeichert und geschlossen werden.

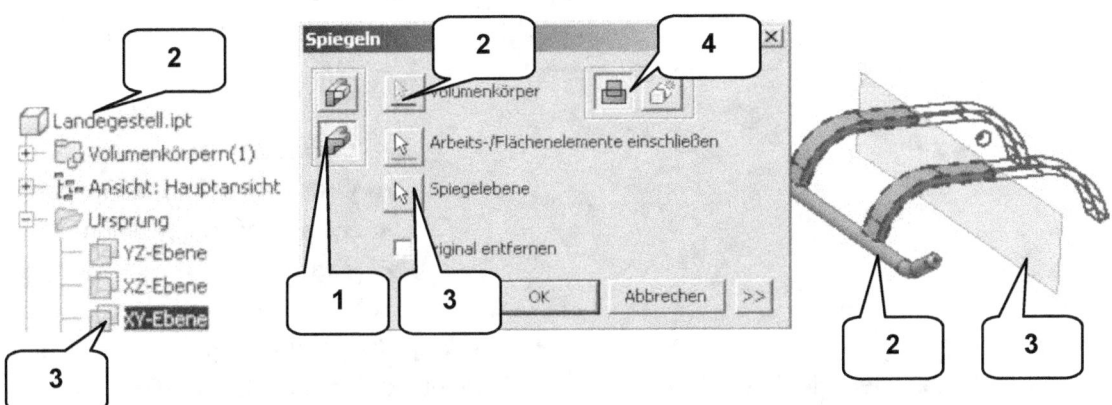

- ➢ **Spiegeln**
- ➢ Option: Volumenkörper spiegeln (1)
- ➢ Volumenkörper: Wird automatisch erkannt (2)
- ➢ Spiegelebene: XY-Ebene (3)

- ➢ Verfahren: Vereinigung (4)
- ➢ **OK**

- ➢ **Bauteil speichern**
- ➢ **Bauteil schließen**

9 Bauteil: Hauptrotor

9.1 Erstellen der neuen Datei und Zeichnen der ersten Konturen

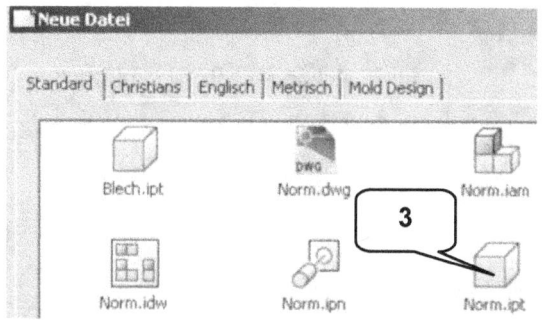

Im nächsten Schritt soll der **Hauptrotor** konstruiert werden. Hierfür ist ein neues Bauteil zu erzeugen.

In der sich automatisch öffnenden Skizze sind die 3 Hauptachsen zu *projizieren* und eine *Linie* zu zeichnen.

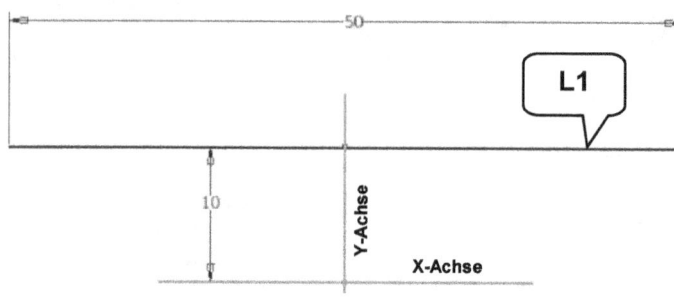

- ➤ *Register: Erste Schritte* (1)
- ➤ *Neu* (2)
- ➤ Vorlage: Norm.ipt (3)
- ➤ *OK*

- ➤ *Geometrie projizieren*
- ➤ Ordner Ursprung aufklappen
- ➤ 3 Hauptachsen wählen
- ➤ *Taste: ESC*

- ➤ *Linie*
- ➤ Linie (L1) zeichnen wie dargestellt
- ➤ *Taste: ESC*

- ➤ *Bemaßung*
- ➤ Linie bemaßen wie dargestellt
- ➤ *Taste: ESC*

- ➤ *Abhängigkeit Koinzident*
- ➤ Mittelpunkt der Linie (L1) wählen
- ➤ Projizierte Y-Achse wählen
- ➤ *Taste: ESC*

Bauteil: Hauptrotor

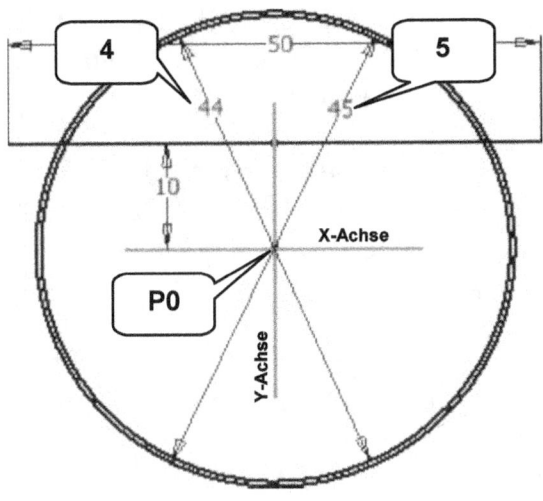

Vom Koordinatenursprung aus sollen jetzt 2 **Kreise** gezeichnet werden. Die Eingabe des Durchmessers erfolgt bereits während des Zeichnens.

- **Kreis durch Mittelpunkt**
- Mittelpunkt 1. Kreis: Koordinatenursprung (P0)
- Durchmesser 1. Kreis: 44 mm (4)
- **Taste: ENTER**
- Mittelpunkt 2. Kreis: Koordinatenursprung (P0)
- Durchmesser 2. Kreis: 45 mm (5)
- **Taste: ENTER**
- **Taste: ESC**

9.2 Stutzen der Zeichenobjekte

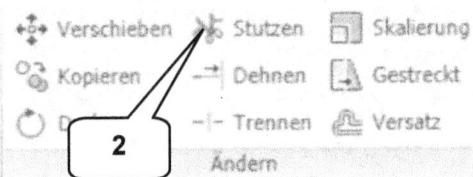

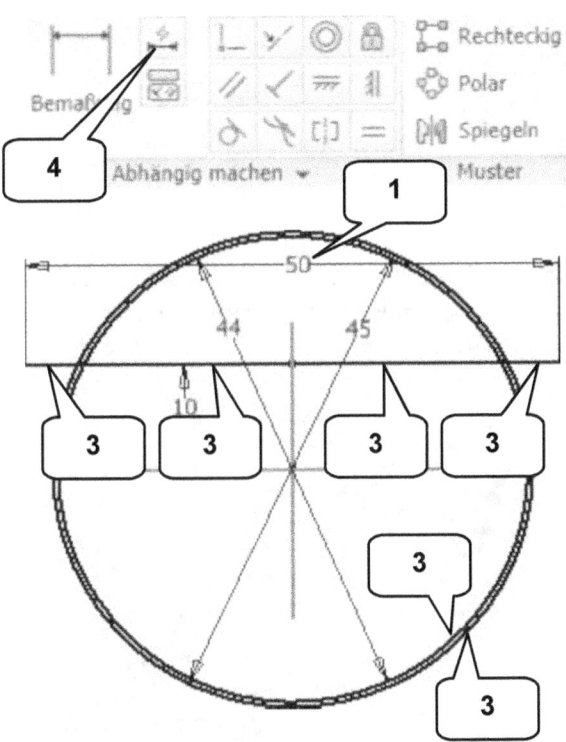

Vor dem **Stutzen** (2) der einzelnen Liniensegmente muss die Bemaßung der Linienlänge (1) gelöscht werden. Diese ist zu markieren und mit der Taste **ENTF** (Entfernen) zu löschen.

- Längenmaß (50 mm) der Linie markieren (1)
- **Taste: ENTF**

- **Stutzen** (2)
- Alle 4 markierten Segmente der Linie und die beiden markierten Abschnitte der Kreise wählen (3)
- **Taste: ESC**

Bauteil: Hauptrotor

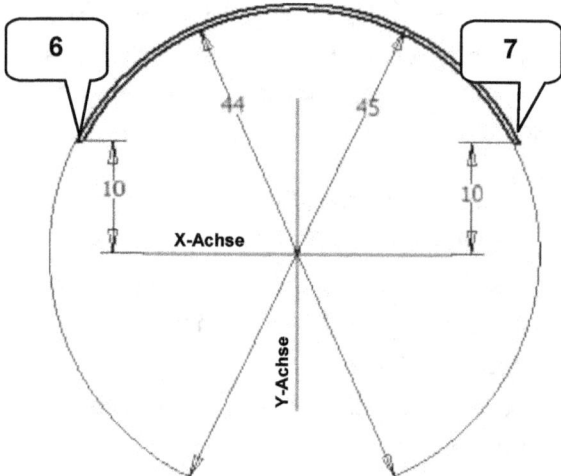

Da die Skizze noch nicht voll bestimmt ist, muss der Befehl *Automatische Bemaßung* (4) verwendet werden.

> *Automatische Bemaßung* (4)
> Aktivieren: Bemaßungen, Abhängigk. (5)
> **ANWENDEN**
> **FERTIG**

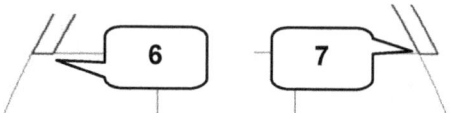

> *Skizze fertig stellen*

Die beiden Enden der Bögen sollten nach Abschluss des letzten Befehls noch einmal kontrolliert werden. Wie in Position (6) und (7) dargestellt, sollte die Kontur geschlossen sein.

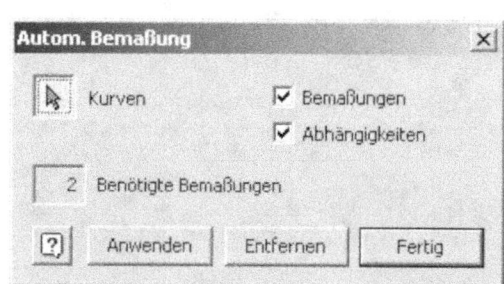

9.3 Volumenkörper mittels Extrusion erzeugen

Das in der vorherigen Skizze erzeugte geschlossene Zeichenobjekt soll im nächsten Schritt mittels *Extrusion* um 180 mm symmetrisch in einen Volumenkörper konvertiert werden.

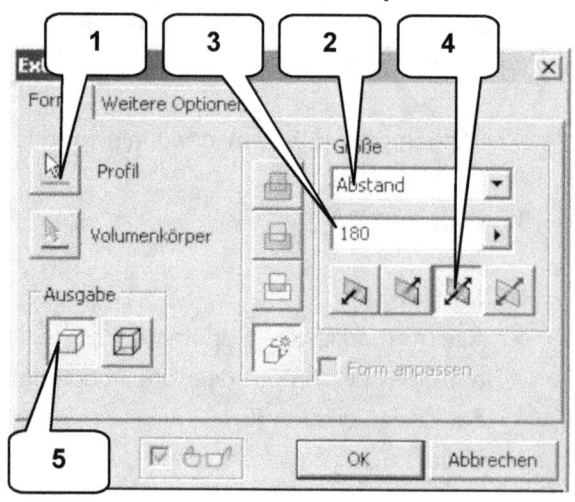
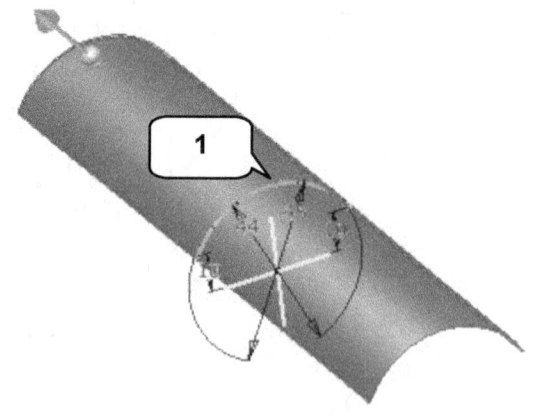

- **Extrusion**
- Profil: Bogenkontur wählen (1)
- Größe: Abstand (2)
- Wert: 180 mm (3)
- Richtung: Symmetrisch (4)
- Ausgabe: Volumenkörper (5)
- **OK**

9.4 Zeichnen der zweiten Kontur

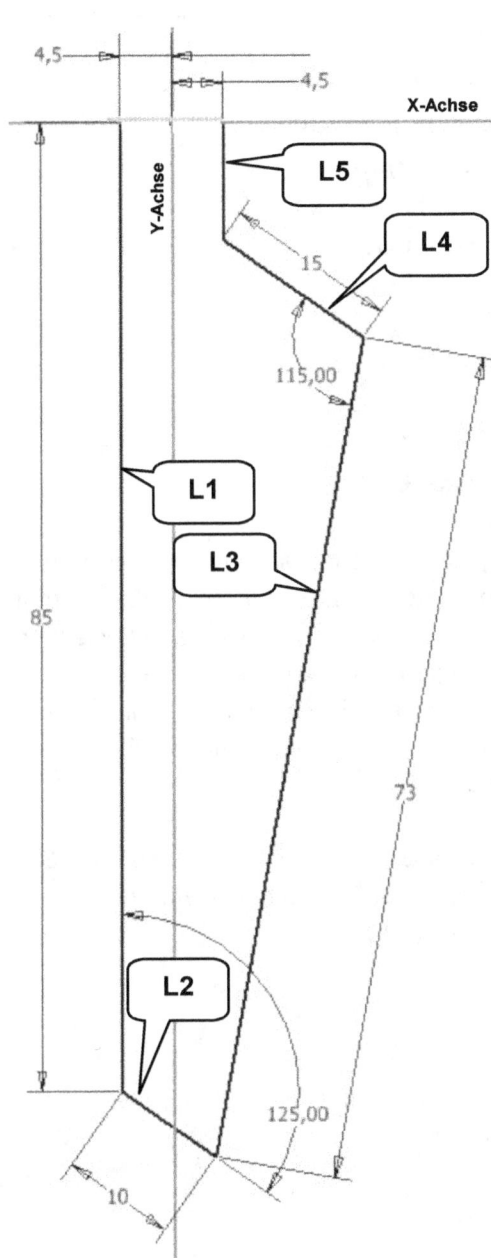

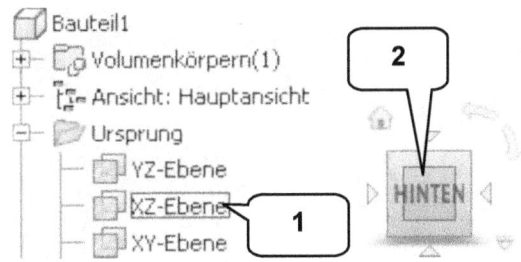

- **2D-Skizze erstellen**
- XZ-Ebene im Modellbaum wählen (1)

- **ViewCube-Ansicht: HINTEN** (2)
- **Taste: F7** (Skizze aufschneiden)

- **Geometrie projizieren**
- 3 Hauptachsen wählen
- **Taste: ESC**

- **Linie**
- Linienkontur aus 5 zusammenhängenden Linien (L1...L5) zeichnen wie dargestellt (unterhalb der X-Achse)
- **Taste: ESC**

- **Bemaßung**
- Linienkontur bemaßen wie dargestellt
- **Taste: ESC**

Linie (L1) startet auf der X-Achse, Linie (L5) endet auf der X-Achse. Zwischen (L1) und (L5) auf der X-Achse liegt keine andere Linie.

Bauteil: Hauptrotor

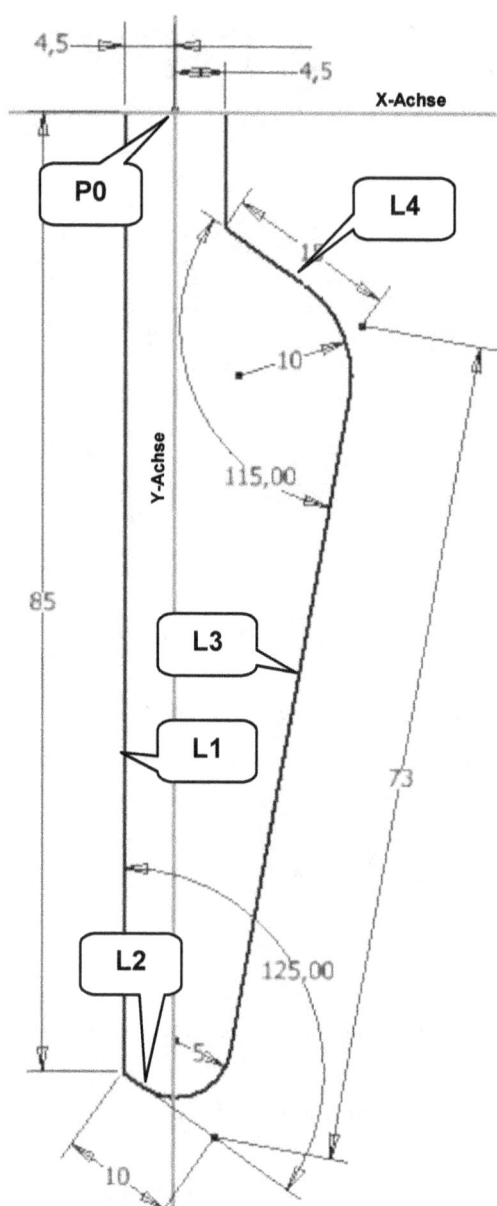

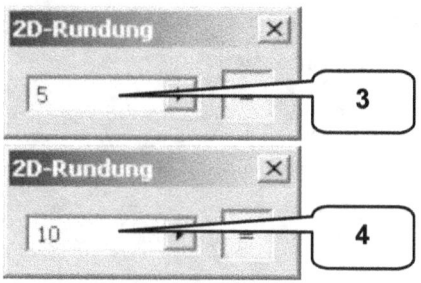

- **Rundung**
- Radius: 5 mm (3)
- Linie (L2) wählen
- Linie (L3) wählen
- **Taste: ESC**

- **Rundung**
- Radius: 10 mm (4)
- Linie (L3) wählen
- Linie (L4) wählen
- **Taste: ESC**

Die gesamte Kontur soll im nächsten Schritt um den Koordinatenursprung (P0) gedreht werden, wobei Position und Lage der ersten Skizzengeometrie erhalten bleiben. Es soll also eine gedrehte Kopie erzeugt werden. Hierfür ist der Befehl **Drehen** (5) zu verwenden.

Die Abfrage *Sollen Bemaßungen bei Bedarf gelockert werden?* kann mit **Ja** beantwortet werden.

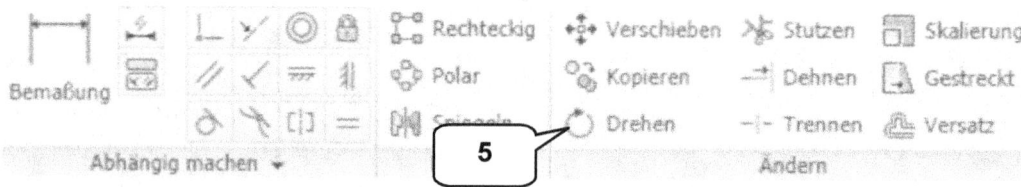

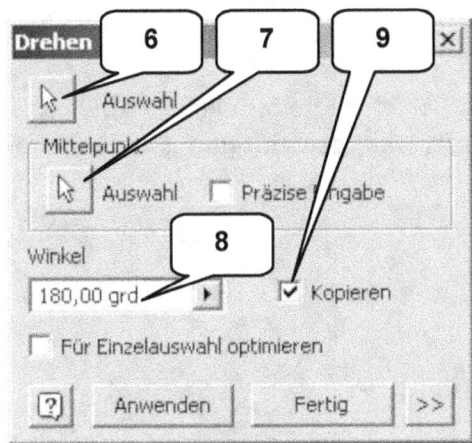

- **Drehen** (5)
- Auswahl: Bei gedrückter linker Maustaste ein Fenster über die gezeichneten Linien (L1...L5) ziehen (6)
- Mittelpunkt: Koordinatenursprung (P0) wählen (7)
- Winkel: 180° (8)
- Aktivieren: Kopieren (9)
- **ANWENDEN**
- **FERTIG**

Das Fenster, das bei der Auswahl der Linien aufgezogen werden soll, muss von links oben nach rechts unten aufgezogen werden. Die projizierte X-Achse darf dabei nicht komplett im Fenster liegen, da beim Drehen Probleme auftreten können.

Beide Konturhälften müssen jetzt miteinander verbunden werden und eventuell noch fehlende Abhängigkeiten sind zu ergänzen. Mit der rechten Maustaste ist auf die Linie (L1) zu klicken und die Option **Kontur schließen** (10) zu wählen.

- **Rechte Maustaste auf Linie** (L1)
- Option: Kontur schließen (10)
- Fenster **Kontur schließen** mit **OK** bestätigen
- Nacheinander alle restlichen Linien der Skizze (nicht die Achsen!) wählen, bis Meldung (11) erscheint
- **OK**

- **Skizze fertig stellen**

9.5 Extrudieren einer Schnittmenge

Beide Flächen der neuen Skizze sollen im folgenden Schritt mit dem Befehl **Extrusion** zusammen mit dem bereits vorhandenen Volumenkörper eine gemeinsame **Schnittmenge** ergeben.

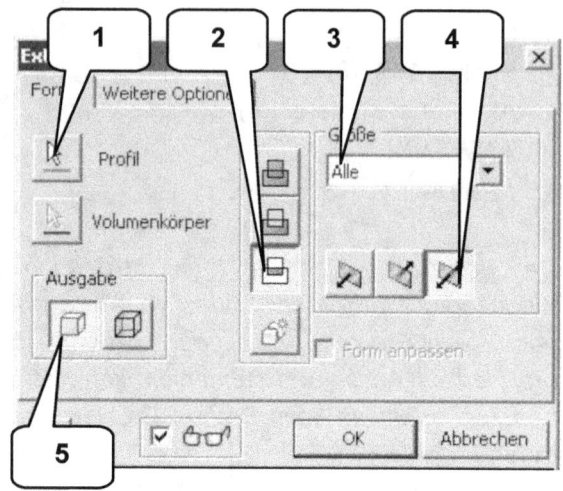

- **Extrusion**
- Profil: Beide Konturhälften wählen (1)
- Verfahren: Schnittmenge (2)
- Größe: Alle (3)

- Richtung: Symmetrisch (4)
- Ausgabe: Volumenkörper (5)
- **OK**

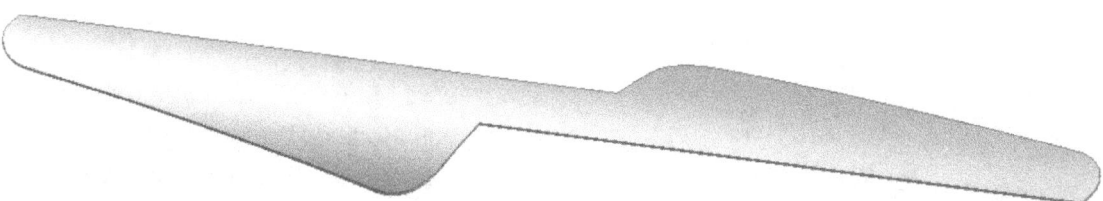

9.6 Erstellen einer weiteren Skizze

Die letzte Skizze dieses Bauteils soll auf der XZ-Ebene erzeugt werden.

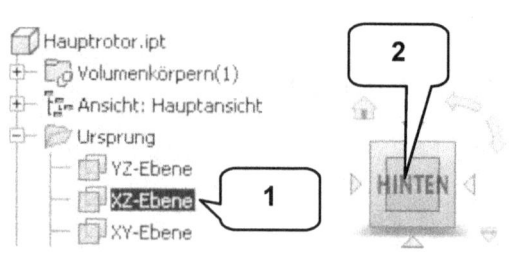
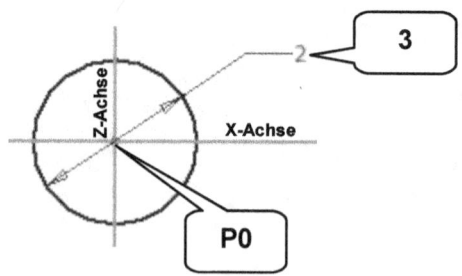

Bauteil: Hauptrotor

- *2D-Skizze erstellen*
- XZ-Ebene im Modellbaum wählen (1)

- *ViewCube-Ansicht: HINTEN (2)*

- *Geometrie projizieren*
- 3-Hauptachsen wählen
- *Taste: ESC*

- *Taste: F7* (Skizze aufschneiden)

- *Kreis durch Mittelpunkt*
- Punkt 1: Koordinatenursprung (P0)
- Punkt 2: Frei ablegen
- *Taste: ESC*

- *Bemaßung*
- Kreisdurchmesser: 2 mm (3)
- *Taste: ESC*

- *Skizze fertig stellen*

9.7 Extrudieren des Kreises in Richtung des Volumenkörpers

Der Kreis soll jetzt in Richtung des vorhandenen Volumenkörpers *extrudiert* werden. Da dieser eine konkave Form aufweist, kann die Extrusion nicht linear, also nicht über die Option Abstand erfolgen. Um sauber am vorhandenen Material abschließen zu können, bietet das Programm die Option *Zur Nächsten*.

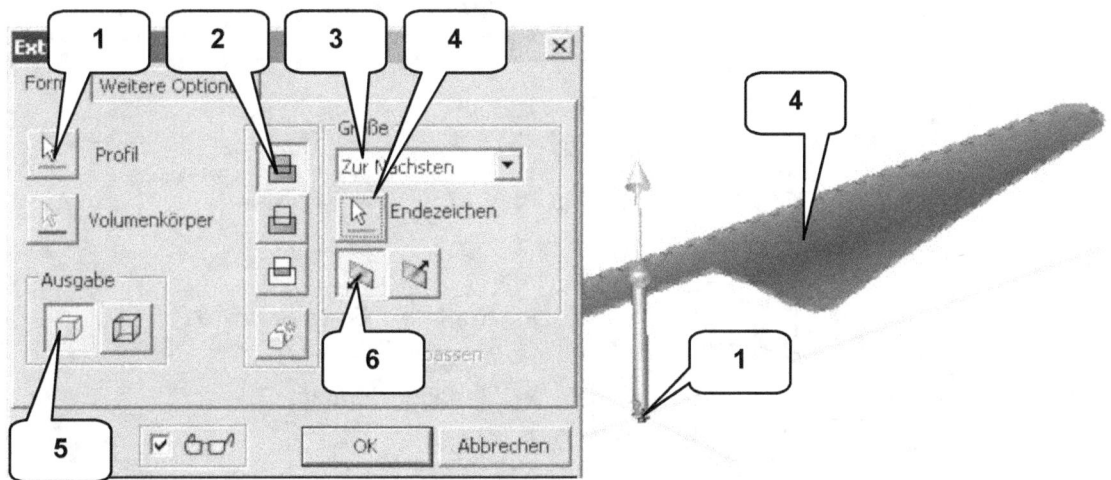

- *Extrusion*
- Profil: Kreis wählen (1)
- Verfahren: Vereinigung (2)
- Größe: Zur Nächsten (3)

- Endezeichen: Volumenkörper (4)
- Ausgabe: Volumenkörper (5)
- Richtung: Richtung 1 (6)
- *OK*

Das Bauteil kann jetzt unter dem Dateinamen *Hauptrotor* (Dateityp: *.ipt) *gespeichert* und anschließend geschlossen werden.

10 Bauteil: Heckrotor

10.1 Erstellen der neuen Datei und Zeichnen der ersten Konturen

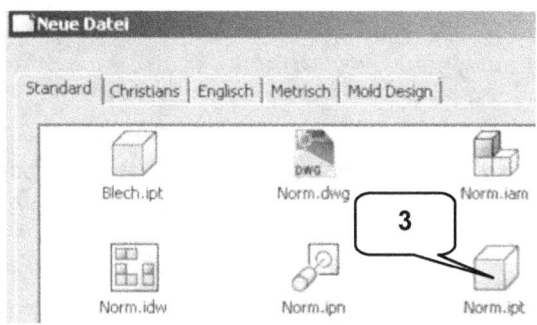

Im nächsten Schritt soll der **Heckrotor** konstruiert werden. Hierfür ist ein neues Bauteil zu erzeugen.

In der sich automatisch öffnenden Skizze sind die 3 Hauptachsen zu *projizieren* und eine *Ellipse* (E1) zu zeichnen und zu bemaßen.

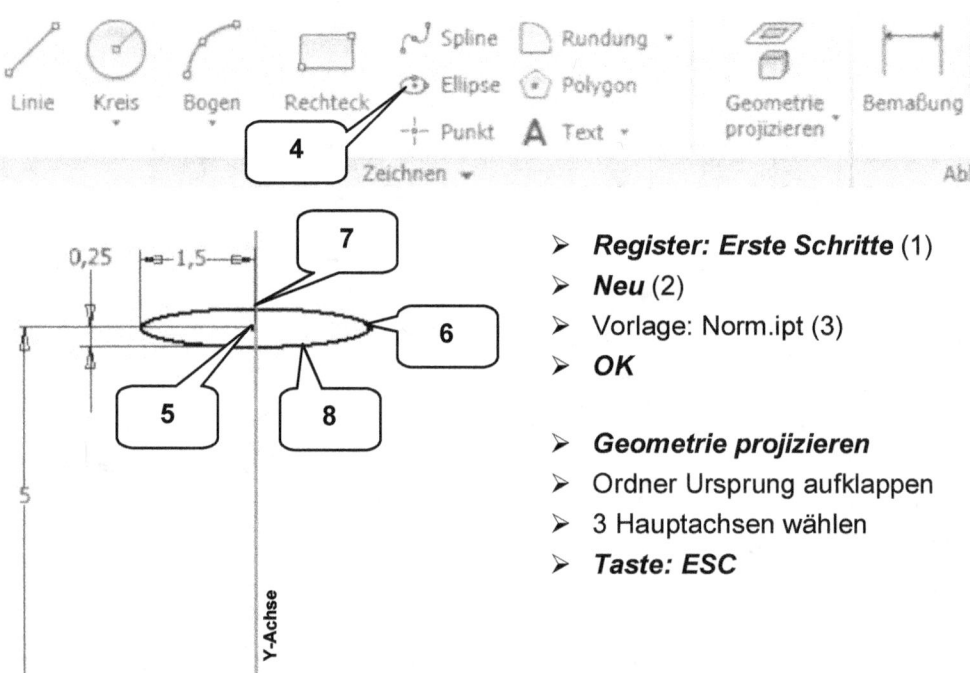

- ➢ *Register: Erste Schritte* (1)
- ➢ *Neu* (2)
- ➢ Vorlage: Norm.ipt (3)
- ➢ *OK*

- ➢ *Geometrie projizieren*
- ➢ Ordner Ursprung aufklappen
- ➢ 3 Hauptachsen wählen
- ➢ *Taste: ESC*

- **Ellipse** (4)
- Punkt 1: Auf Pos. (5) ablegen
- Punkt 2: Auf Pos. (6) ablegen
- Punkt 3: Auf Pos. (7) ablegen
- **Taste: ESC**

- **Bemaßung**
- Punkt (5) wählen
- X-Achse wählen
- Abstand: 5 mm

- **Taste: ENTER**
- Ellipsen-Kontur wählen (8)
- Maß oberhalb der Kontur ablegen
- Breite: 1,5 mm
- **Taste: ENTER**
- Ellipsen-Kontur wählen (8)
- Maß links neben der Kontur ablegen
- Höhe: 0,25 mm
- **Taste: ENTER**
- **Taste: ESC**

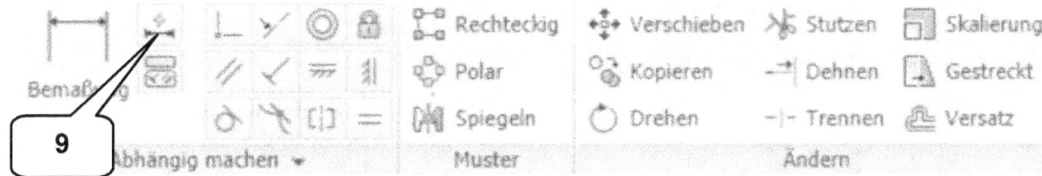

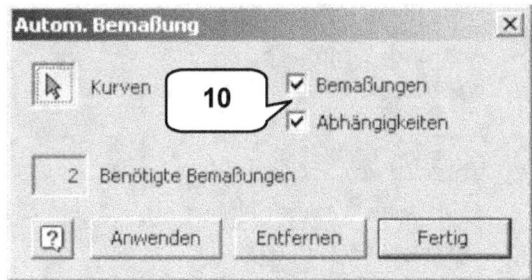

- **Automatische Bemaßung** (9)
- Aktivieren: Bemaßungen (10)
- Aktivieren: Abhängigkeiten (10)
- **ANWENDEN**
- **FERTIG**

- **Skizze fertig stellen**

10.2 Erzeugen neuer Arbeitsebenen und weiterer Skizzen

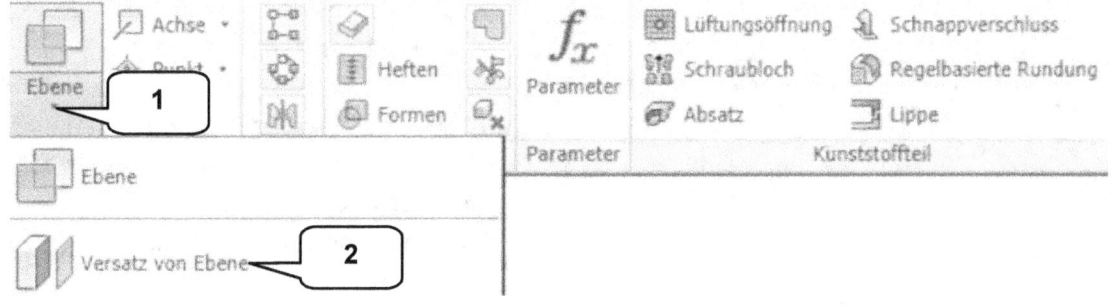

Bauteil: Heckrotor

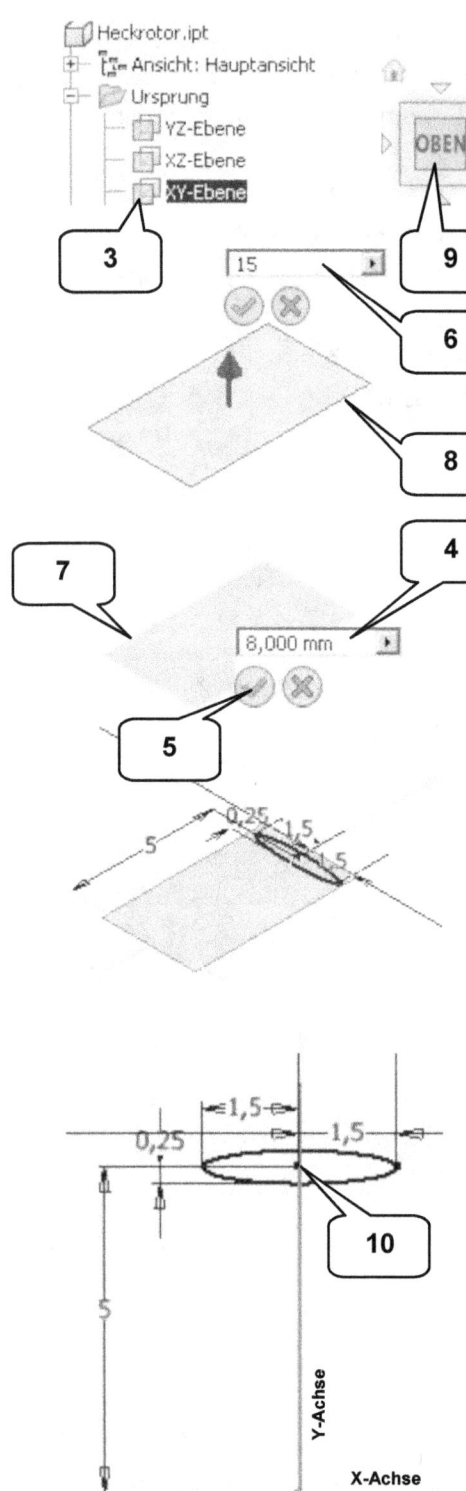

Um die Basiskontur des Heckrotors erstellen zu können, müssen zuvor 2 weitere Ebenen erstellt werden, welche parallel zur XY-Ebene und in bestimmten Abständen zu dieser angeordnet werden. Hierfür ist der Befehl *Versatz von Ebene* (2) zu verwenden. Vorab sollte das neue Bauteil allerdings gesichert werden.

- *Speichern*
- Dateiname: *Heckrotor*
- Dateityp: (*.ipt)
- *Speichern*

- Befehlsgruppe *Ebene* aufklappen (1)

- *Versatz von Ebene* (2)
- XY-Ebene (Ordner Ursprung) wählen (3)
- Abstand: 8 mm (4)
- *OK* (5)

- *Versatz von Ebene* (2)
- XY-Ebene (Ordner Ursprung) wählen (3)
- Abstand: 15 mm (6)
- *OK*

- *2D-Skizze erstellen*
- Ebene mit Abstand 8 mm (7) wählen (Ebene an der Kante greifen!)

- *ViewCube-Ansicht: OBEN* (9)

- *Geometrie projizieren*
- 3 Hauptachsen wählen (Ordner Ursprung)
- Mittelpunkt der Ellipse aus erster Skizze wählen (10)
- *Taste: ESC*

Bauteil: Heckrotor

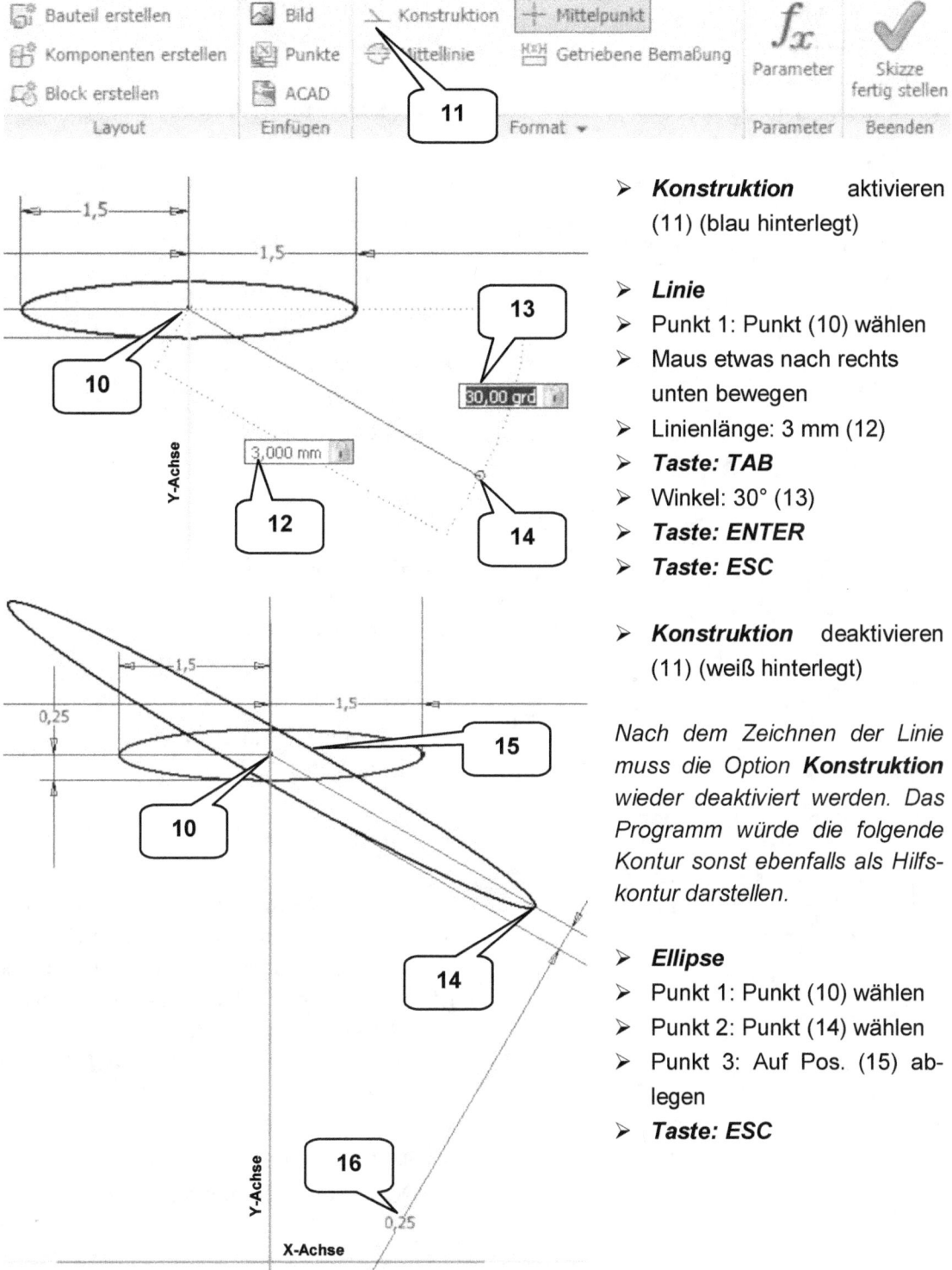

- **Konstruktion** aktivieren (11) (blau hinterlegt)

- **Linie**
- Punkt 1: Punkt (10) wählen
- Maus etwas nach rechts unten bewegen
- Linienlänge: 3 mm (12)
- **Taste: TAB**
- Winkel: 30° (13)
- **Taste: ENTER**
- **Taste: ESC**

- **Konstruktion** deaktivieren (11) (weiß hinterlegt)

*Nach dem Zeichnen der Linie muss die Option **Konstruktion** wieder deaktiviert werden. Das Programm würde die folgende Kontur sonst ebenfalls als Hilfskontur darstellen.* !

- **Ellipse**
- Punkt 1: Punkt (10) wählen
- Punkt 2: Punkt (14) wählen
- Punkt 3: Auf Pos. (15) ablegen
- **Taste: ESC**

- **Bemaßung**
- Ellipse wählen
- Maß auf Pos. (16) ablegen
- Höhe: 0,25 mm

- **Taste: ENTER**
- **Taste: ESC**

- **Skizze fertig stellen**

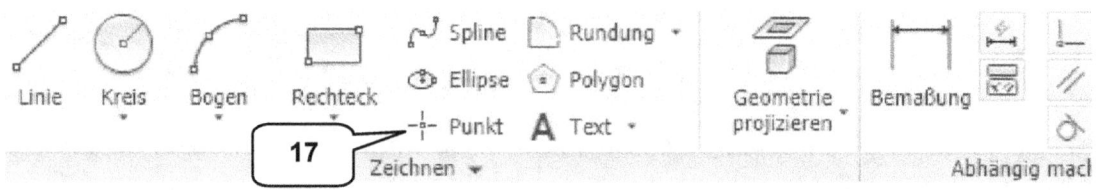

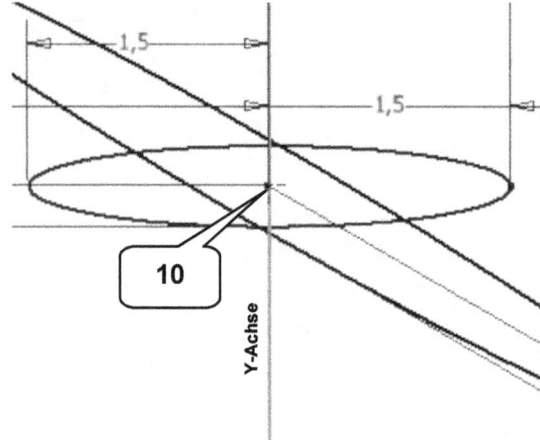

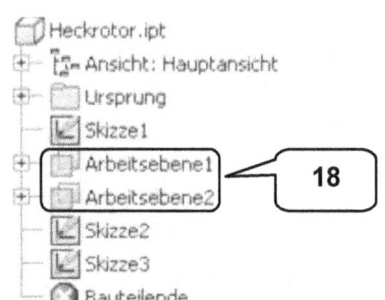

- **2D-Skizze erstellen**
- Ebene mit Abstand 15 mm (7) wählen (Ebene an der Kante greifen!)

- **ViewCube-Ansicht: OBEN** (9)

- **Geometrie projizieren**
- Ellipsenmittelpunkt (10) wählen
- **Taste: ESC**

- **Punkt** (17)
- Ellipsenmittelpunkt (10) wählen
- **Taste: ESC**

- **Skizze fertig stellen**

Vor dem Erzeugen des Volumenkörpers sollten die beiden neu erzeugten Arbeitsebenen (18) ausgeblendet werden. Hierfür ist mit der rechten Maustaste auf die jeweilige Arbeitsebene zu klicken und diese durch Deaktivieren der Option **Sichtbarkeit** auszublenden.

- Beide Arbeitsebenen markieren (18)
- Deaktivieren: Sichtbarkeit

10.3 Ersten Bereich mittels Erhebung erzeugen

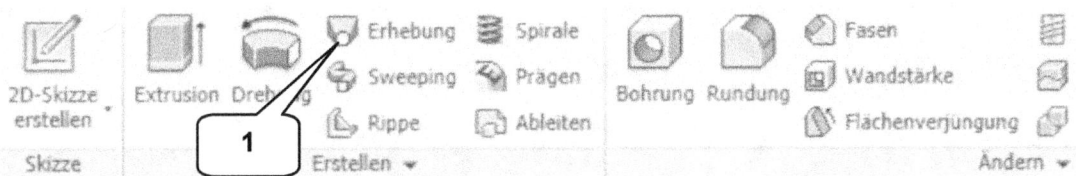

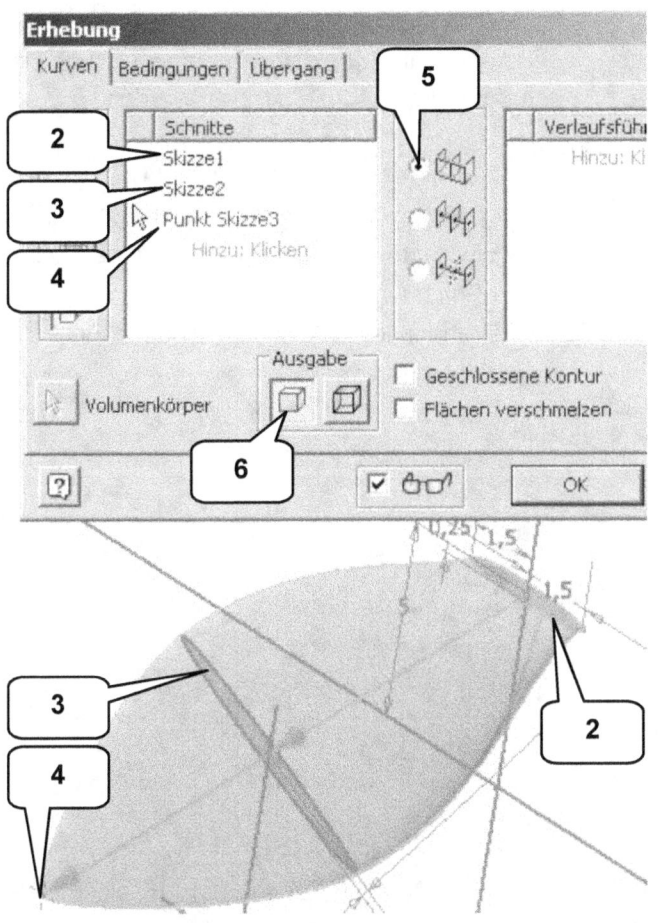

Die Konturen der drei zuletzt erzeugten Skizzen sollen jetzt miteinander verschmolzen und somit in einen Volumenkörper konvertiert werden. Das Verbinden mehrerer unterschiedlicher Konturen zu einem Volumenkörper kann mit dem Befehl *Erhebung* (1) realisiert werden.

> *Erhebung* (1)
> Ellipse aus Skizze 1 wählen (2)
> Ellipse aus Skizze 2 wählen (3)
> Punkt aus Skizze 3 wählen (4)
> Option: Verlaufsführung (5)
> Ausgabe: Volumenkörper (6)

> *Register: Bedingungen* (7)
> Bedingung 1: Freie Beding. (8)
> Bedingung 2: Tangente (9)
> Gewicht 2: 3 (10)
> *OK*

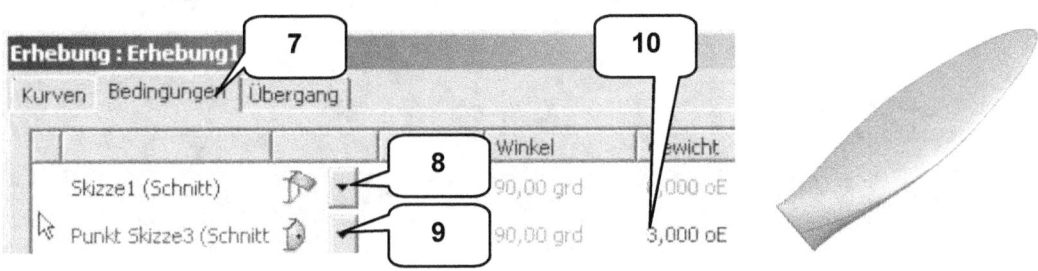

10.4 Zweiten Bereich mittels runder Anordnung erzeugen

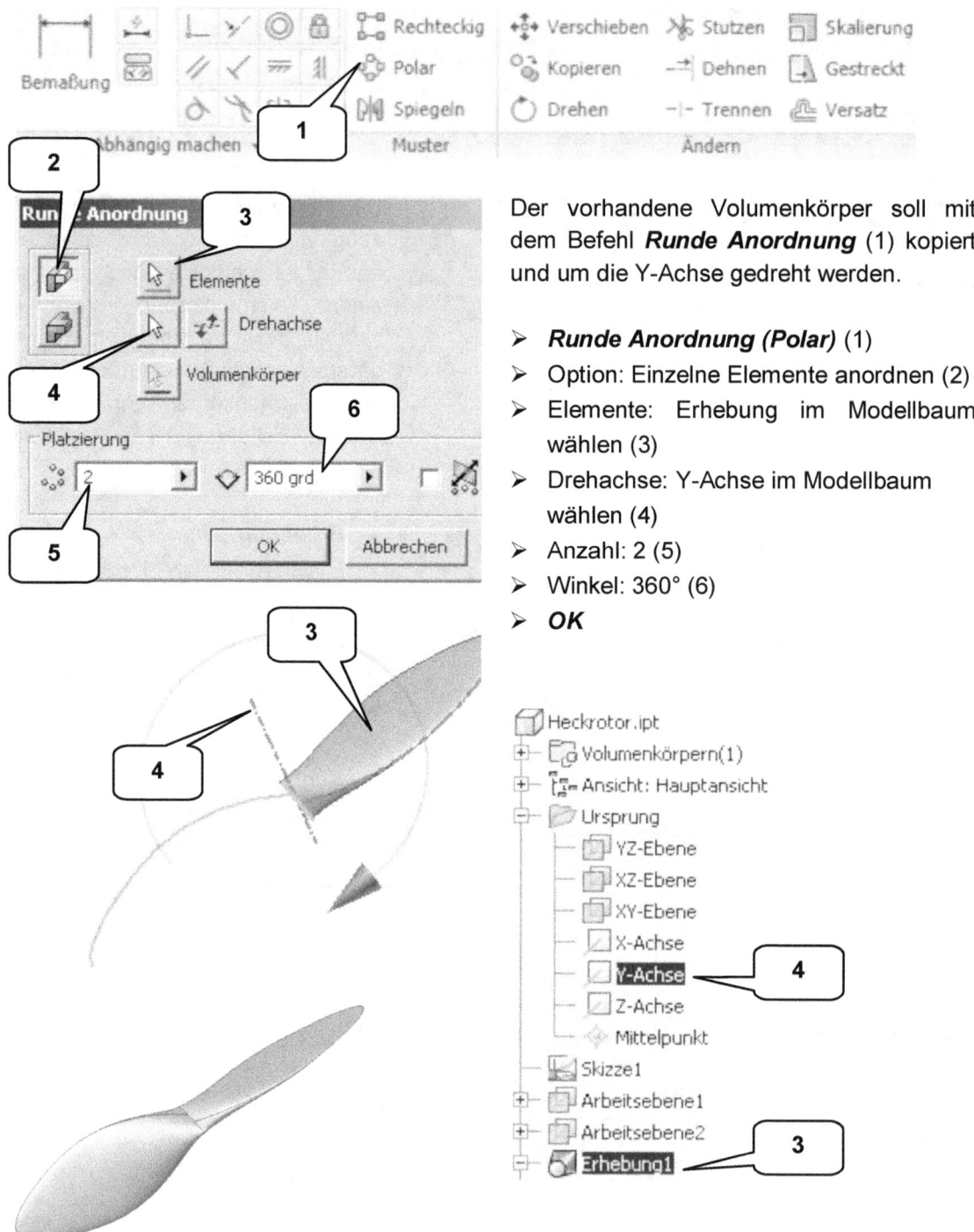

Der vorhandene Volumenkörper soll mit dem Befehl **Runde Anordnung** (1) kopiert und um die Y-Achse gedreht werden.

- **Runde Anordnung (Polar)** (1)
- Option: Einzelne Elemente anordnen (2)
- Elemente: Erhebung im Modellbaum wählen (3)
- Drehachse: Y-Achse im Modellbaum wählen (4)
- Anzahl: 2 (5)
- Winkel: 360° (6)
- **OK**

10.5 Extrudieren des dritten Bereiches

Im letzten Arbeitsschritt für dieses Bauteil ist die Antriebswelle des Heckrotors zu konstruieren. Hierfür muss eine neue 2D-Skizze auf der XZ-Ebene erzeugt, ein Kreis gezeichnet und anschließend extrudiert werden. Dabei ist darauf zu achten, bündig an den vorhandenen Volumenkörper anzuschliessen (Option: Zur Nächsten).

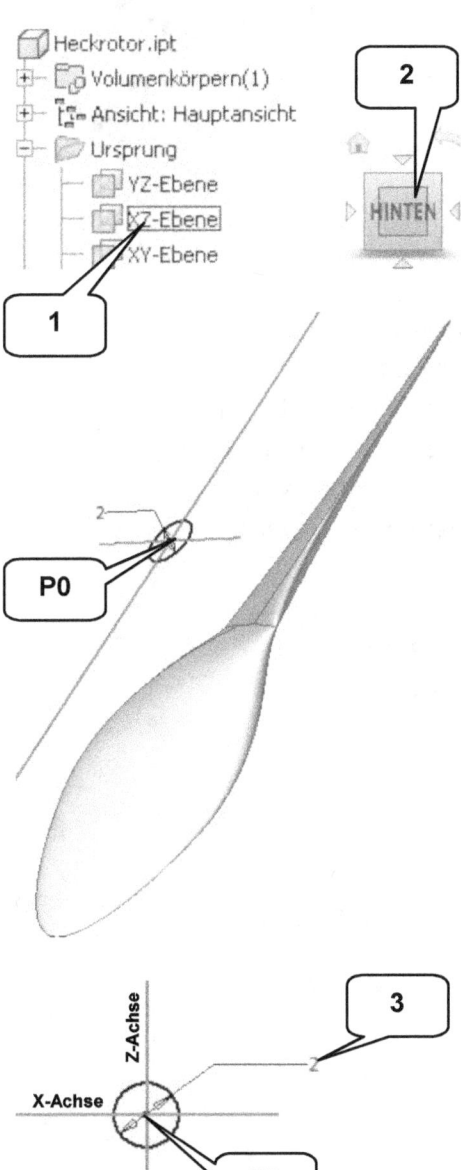

- ➢ **2D-Skizze erstellen**
- ➢ XZ-Ebene im Modellbaum wählen (1)

- ➢ **ViewCube-Ansicht: HINTEN** (2)

- ➢ **Geometrie projizieren**
- ➢ 3 Hauptachsen wählen
- ➢ **Taste: ESC**

- ➢ **Taste: F7** (Skizze aufschneiden)

- ➢ **Kreis durch Mittelpunkt**
- ➢ Kreismittelpunkt: Koordinatenursprungspunkt (P0)
- ➢ 2. Punkt des Kreises frei ablegen
- ➢ **Taste: ESC**

- ➢ **Bemaßung**
- ➢ Kreisdurchmesser: 2 mm (3)
- ➢ **Taste: ESC**

- ➢ **Skizze fertig stellen**

Bauteil: Heckrotor

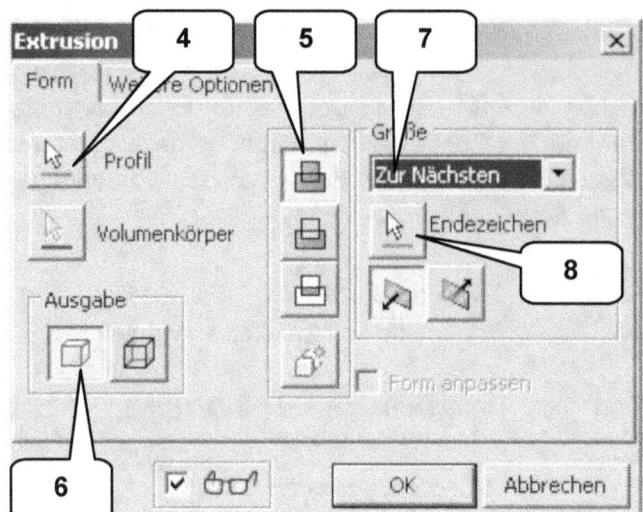
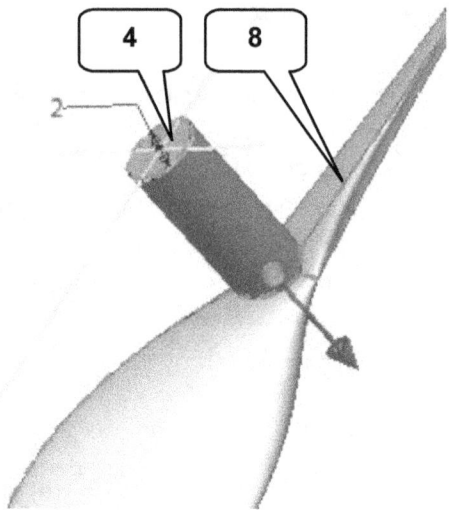

- **Extrusion**
- Profil: Kreis (4)
- Verfahren: Vereinigung (5)
- Ausgabe: Volumenkörper (6)
- Größe: Zur Nächsten (7)
- Endezeichen: Volumenkörper (8)
- **OK**

- **Speichern**
- **Datei schließen**

11 Bauteil: Turbinengehäuse

11.1 Erstellen der neuen Datei und Zeichnen der ersten Kontur

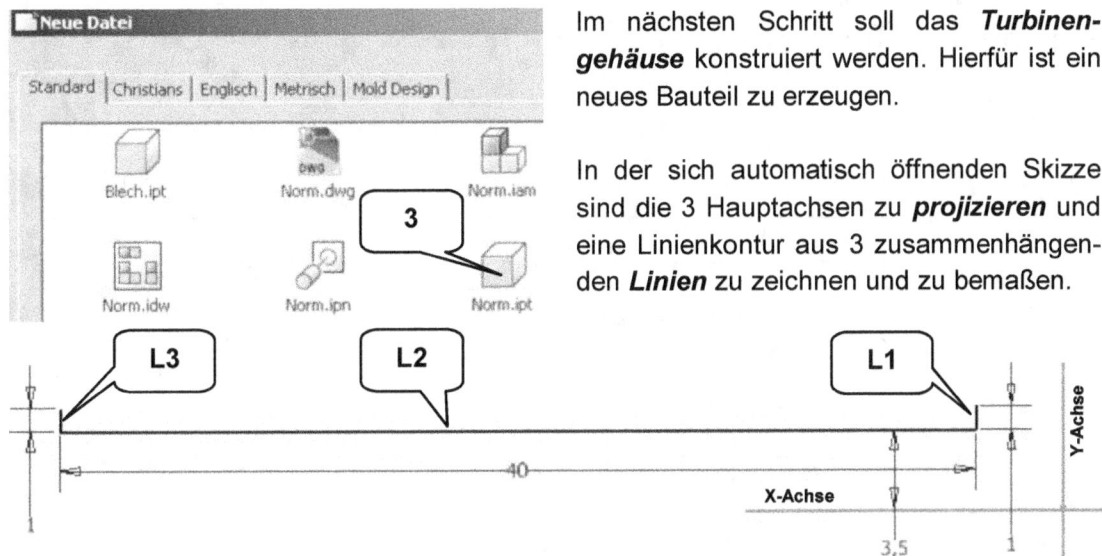

Im nächsten Schritt soll das **Turbinengehäuse** konstruiert werden. Hierfür ist ein neues Bauteil zu erzeugen.

In der sich automatisch öffnenden Skizze sind die 3 Hauptachsen zu *projizieren* und eine Linienkontur aus 3 zusammenhängenden *Linien* zu zeichnen und zu bemaßen.

- ➤ *Register: Erste Schritte* (1)
- ➤ *Neu* (2)
- ➤ Vorlage: Norm.ipt (3)
- ➤ *OK*

- ➤ *Geometrie projizieren*
- ➤ Ordner Ursprung aufklappen
- ➤ 3 Hauptachsen wählen
- ➤ *Taste: ESC*

- ➤ *Linie*
- ➤ Linienkontur aus 3 Linien (L1..L3) oberhalb der X-Achse zeichnen wie dargestellt
- ➤ *Taste: ESC*

- ➤ *Bemaßung*
- ➤ Linien bemaßen wie dargestellt
- ➤ *Taste: ESC*

Bauteil: Turbinengehäuse

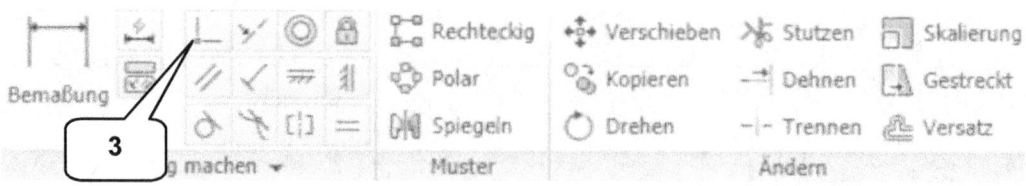

- **Abhängigkeit Koinzident** (3)
- Mittelpunkt der Linie (L2) wählen
- Y-Achse wählen
- *Taste: ESC*

- **Bogen aus 3 Punkten**
- Linienpunkt (P1) wählen

- Linienpunkt (P2) wählen
- Maus etwas nach oben ziehen
- Radius: 220 mm eingeben (4)
- *Taste: ENTER*
- *Taste: ESC*

- **Skizze fertig stellen**

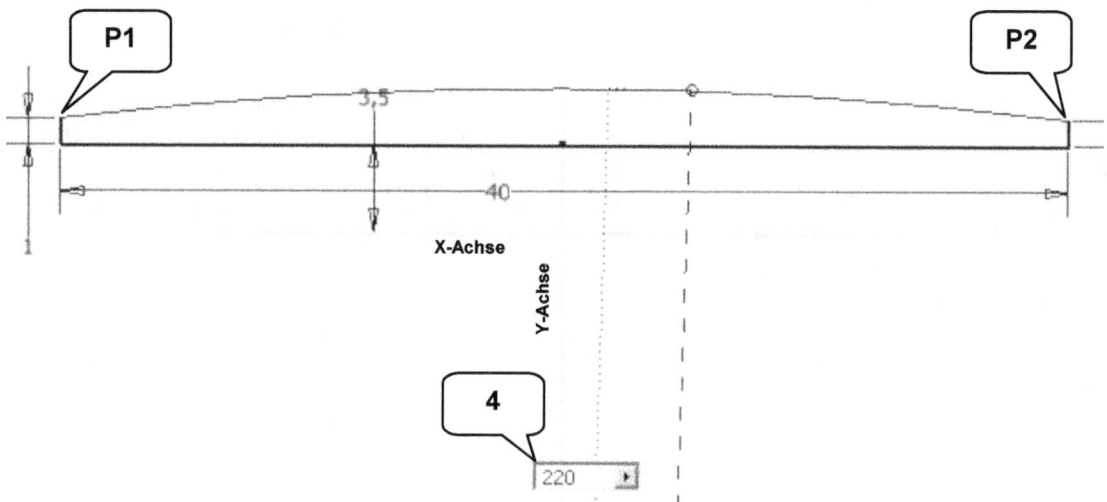

11.2 Volumenkörper durch Drehung erzeugen

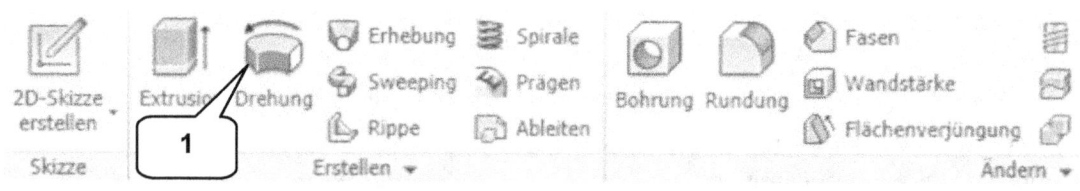

Die geschlossene Kontur aus der vorherigen Skizze soll jetzt um 360° um die X-Achse gedreht und somit in einen Volumenkörper konvertiert werden. Hier ist der Befehl **Drehung** (1) zu verwenden.

Bauteil: Turbinengehäuse

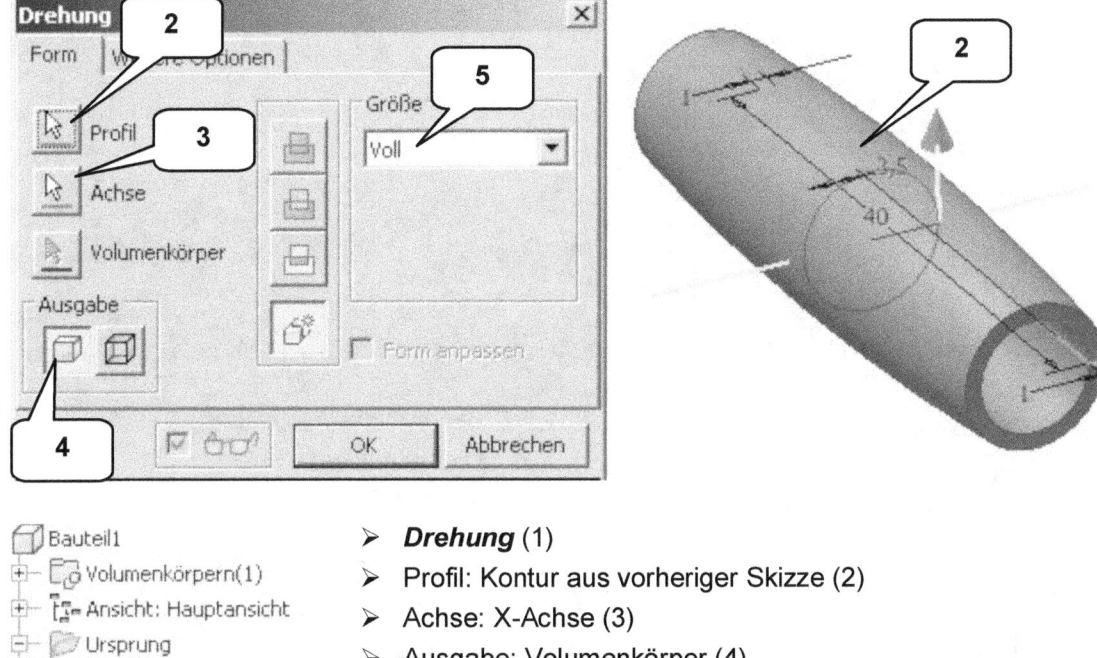

- **Drehung** (1)
- Profil: Kontur aus vorheriger Skizze (2)
- Achse: X-Achse (3)
- Ausgabe: Volumenkörper (4)
- Größe: Voll (5)
- **OK**

11.3 Erzeugen einer neuen Arbeitsebene

Der folgende Volumenkörper benötigt eine neue **Arbeitsebene**, welche parallel zur XY-Ebene liegt und in einem Abstand von 8,5 mm zu dieser angeordnet ist.

- **Versatz von Ebene**
- XY-Ebene (Ordner Ursprung) wählen
- Abstand: 8,5 mm
- **OK**

11.4 Skizze zeichnen und Kontur extrudieren

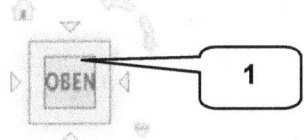

- **2D-Skizze erstellen**
- Neu erzeugte Ebene wählen (Ebene an einer Kante anwählen)

- **ViewCube-Ansicht: OBEN** (1)

Bauteil: Turbinengehäuse

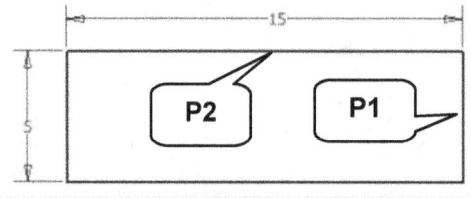

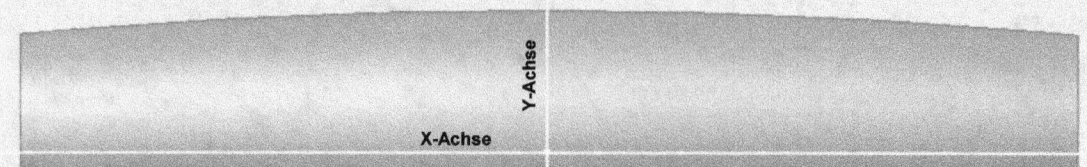

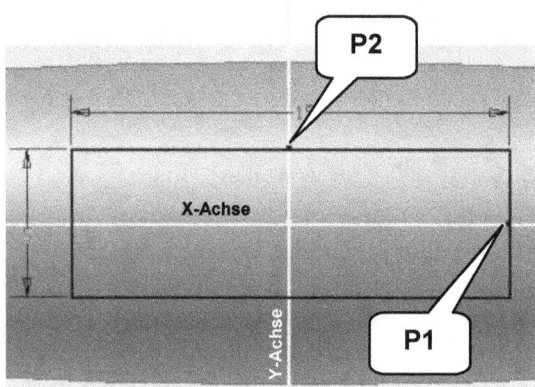

- **Geometrie projizieren**
- 3 Hauptachsen wählen
- **Taste: ESC**

- **Abhängigkeit Koinzident**
- Linienmittelpunkt (P1) wählen
- X-Achse wählen
- Linienmittelpunkt (P2) wählen
- Y-Achse wählen
- **Taste: ESC**

- **Skizze fertig stellen**

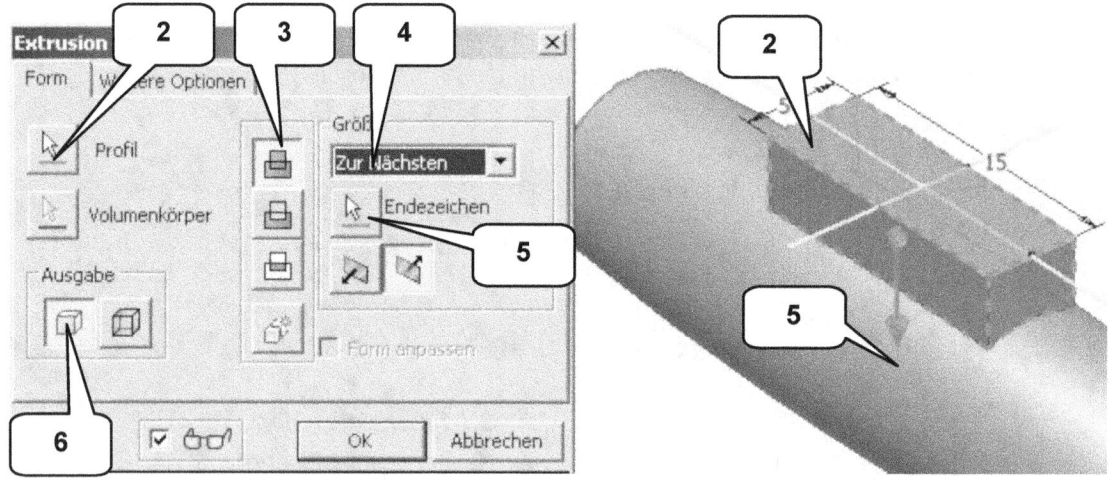

Bauteil: Turbinengehäuse

- ➢ **Extrusion**
- ➢ Profil: Rechteck (2)
- ➢ Verfahren: Vereinigung (3)
- ➢ Größe: Zur Nächsten (4)

- ➢ Endezeichen: Volumenkörper (5)
- ➢ Ausgabe: Volumenkörper (6)
- ➢ **OK**

Die neue Arbeitsebene kann jetzt wieder ausgeblendet werden (Option **Sichtbarkeit** der rechten Maustaste).

11.5 Runden der Außenkanten

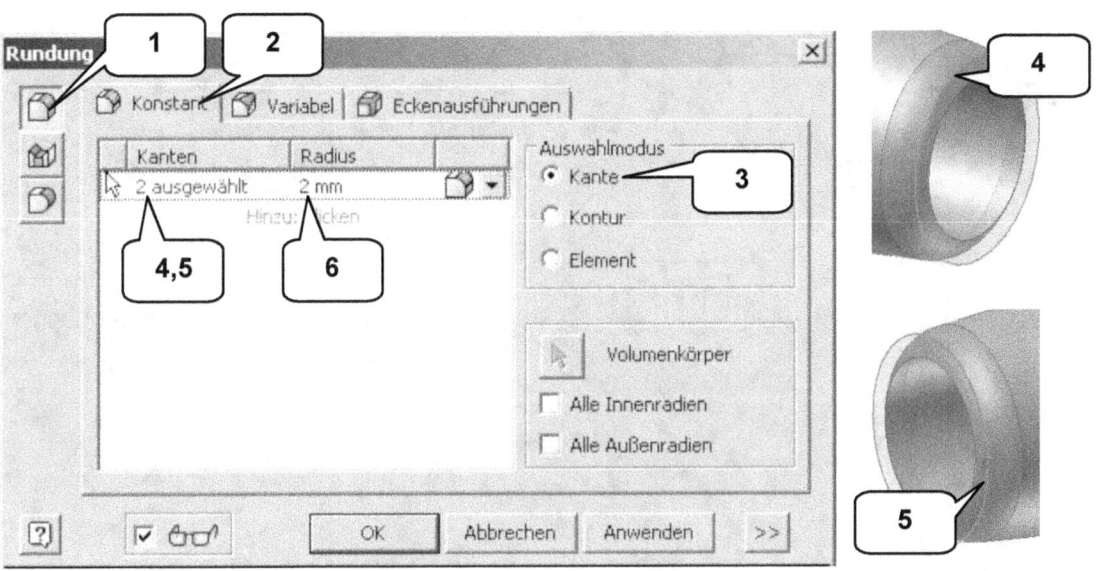

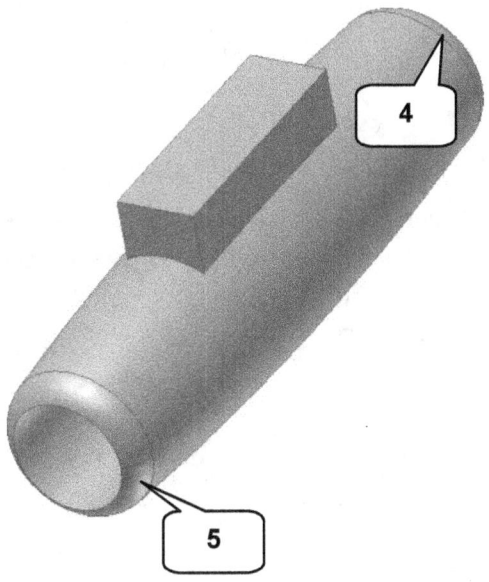

- ➢ **Rundung**
- ➢ Option: Kantenabrundung (1)
- ➢ Reiter: Konstant (2)
- ➢ Auswahlmodus: Kante (3)
- ➢ Kanten: Zylinderkanten wählen (4, 5)
- ➢ Radius: 2 mm (6)
- ➢ **OK**

- ➢ **Speichern**
- ➢ Dateiname: **Turbinengehäuse**
- ➢ Dateityp: (*.ipt)
- ➢ **Speichern**

- ➢ **Datei schließen**

12 Bauteil: Turbineneinheit

12.1 Erstellen der neuen Datei und Zeichnen der ersten Kontur

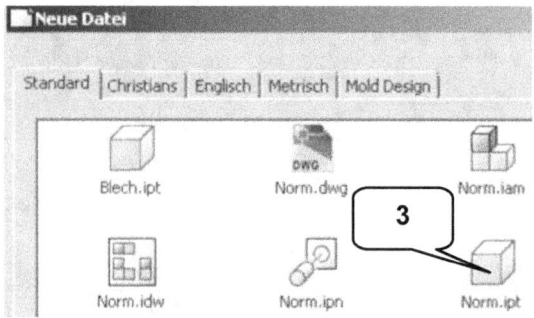

Im nächsten Schritt soll die **Turbineneinheit** konstruiert werden. Hierfür ist ein neues Bauteil zu erzeugen.

In der sich automatisch öffnenden Skizze sind die 3 Hauptachsen zu *projizieren* und eine Linienkontur aus 6 zusammenhängenden *Linien* zu zeichnen und zu bemaßen.

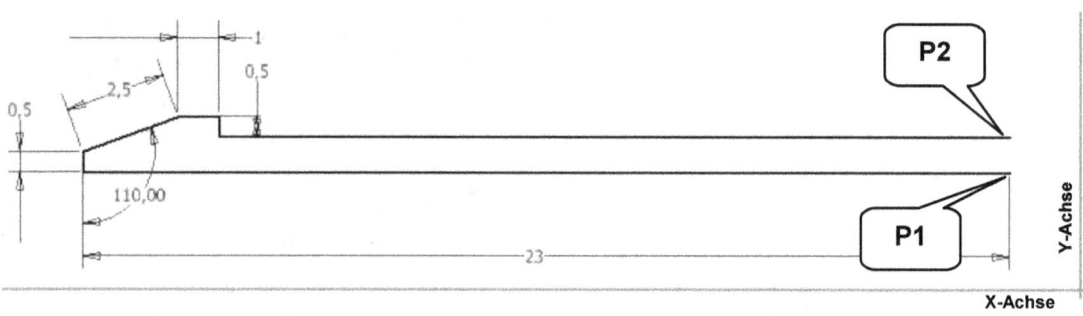

- ➢ *Register: Erste Schritte* (1)
- ➢ *Neu* (2)
- ➢ Vorlage: Norm.ipt (3)
- ➢ *OK*

- ➢ *Geometrie projizieren*
- ➢ Ordner Ursprung aufklappen
- ➢ 3 Hauptachsen wählen
- ➢ *Taste: ESC*

- ➢ *Linie*
- ➢ Linienkontur oberhalb der X-Achse und links neben der Y-Achse zeichnen wie dargestellt
- ➢ *Taste: ESC*

- ➢ *Bemaßung*
- ➢ Linien bemaßen wie dargestellt
- ➢ *Taste: ESC*

Bauteil: Turbineneinheit

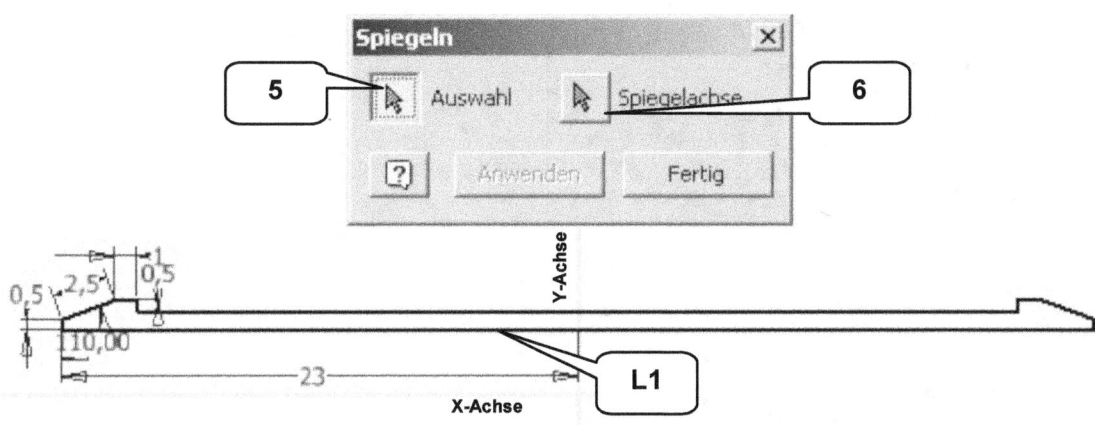

- **Abhängigkeit Koinzident** (4)
- Punkt (P1) wählen
- Y-Achse wählen
- Punkt (P2) wählen
- Y-Achse wählen
- **Taste: ESC**

- **Spiegeln**
- Auswahl: Alle 6 Linien wählen (5)
- Spiegelachse: Y-Achse wählen (6)
- **ANWENDEN**
- **FERTIG**

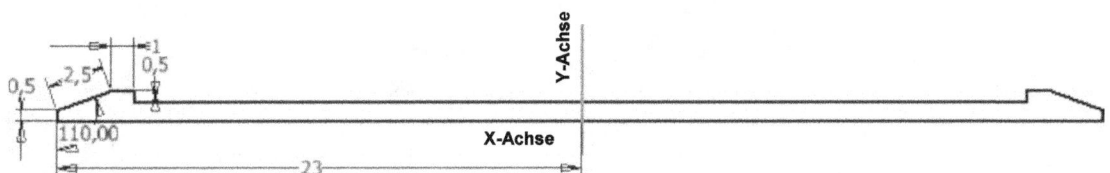

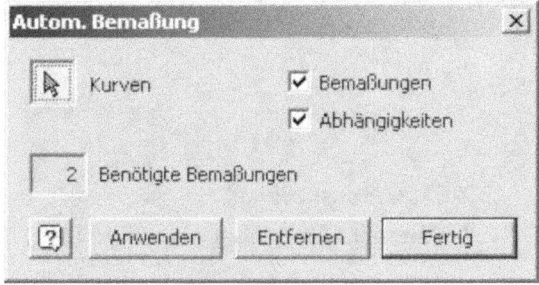

- **Rechte Maustaste** auf Linie (L1)
- Option: Kontur schließen
- Nacheinander alle 6 gezeichneten Linien links und alle 6 gespiegelten Linien rechts neben der projizierten Y-Achse wählen, bis die Kontur geschlossen wurde
- **OK**

- **Abhängigkeit Kollinear** (7)
- Linie (L1) wählen
- X-Achse wählen
- **Taste: ESC**

> **Automatisches Bemaßen** (8)
> Aktivieren: Bemaßungen
> Aktivieren: Abhängigkeiten
> **ANWENDEN**
> **FERTIG**

> **Skizze fertig stellen**

12.2 Volumenkörper mittels Drehung erzeugen

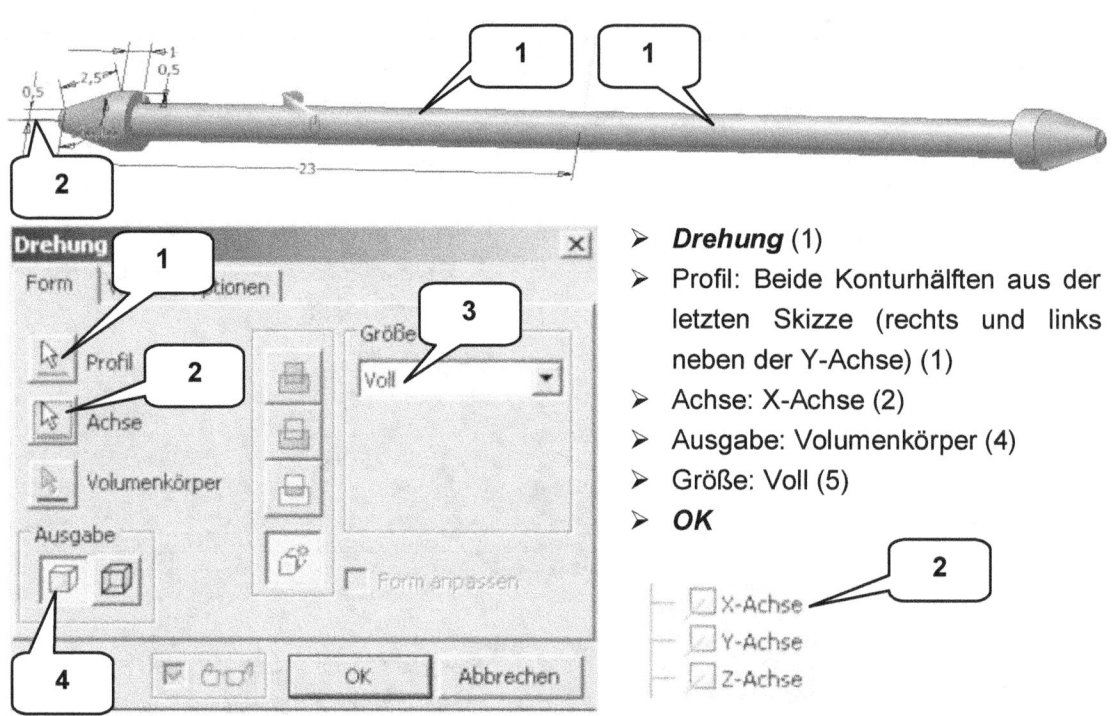

> **Drehung** (1)
> Profil: Beide Konturhälften aus der letzten Skizze (rechts und links neben der Y-Achse) (1)
> Achse: X-Achse (2)
> Ausgabe: Volumenkörper (4)
> Größe: Voll (5)
> **OK**

12.3 Zeichnen und Extrudieren einer weiteren Skizze

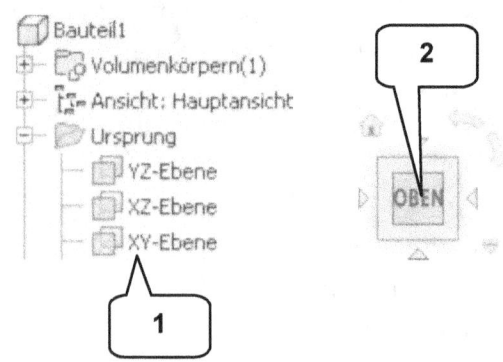

> **2D-Skizze erstellen**
> XY-Ebene im Modellbaum wählen (1)

> **ViewCube-Ansicht: OBEN** (2)

Der nächste Schritt erfordert das Projizieren der Schnittkanten der XY-Ebene mit dem vorhandenen Volumenkörper: **Schnittkanten projizieren**. Dieser Befehl befindet sich hinter dem Befehl Geometrie projizieren.

Bauteil: Turbineneinheit

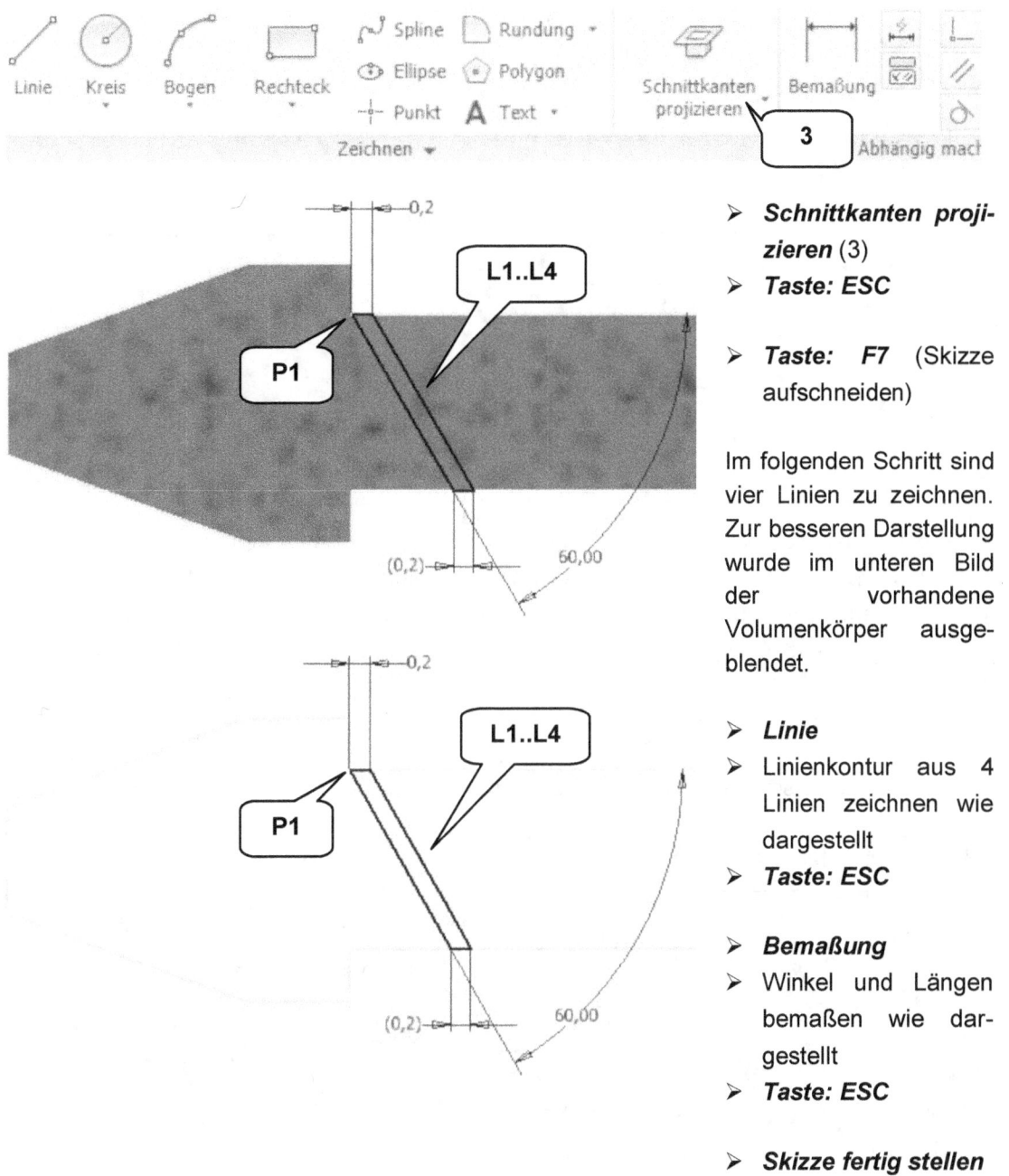

- **Schnittkanten projizieren** (3)
- **Taste: ESC**
- **Taste: F7** (Skizze aufschneiden)

Im folgenden Schritt sind vier Linien zu zeichnen. Zur besseren Darstellung wurde im unteren Bild der vorhandene Volumenkörper ausgeblendet.

- **Linie**
- Linienkontur aus 4 Linien zeichnen wie dargestellt
- **Taste: ESC**

- **Bemaßung**
- Winkel und Längen bemaßen wie dargestellt
- **Taste: ESC**

- **Skizze fertig stellen**

Die beiden kurzen waagerechten Linien (0,2 mm Länge) sind kollinear auf die dahinter projizierten Außenkanten des Rotationskörpers auszurichten. Sie liegen also mit ihnen auf demselben Strahl. Die Kontur muss außerdem geschlossen sein. Der Punkt (P1) stellt die projizierte Ecke der Wellengeometrie dar.

Bauteil: Turbineneinheit

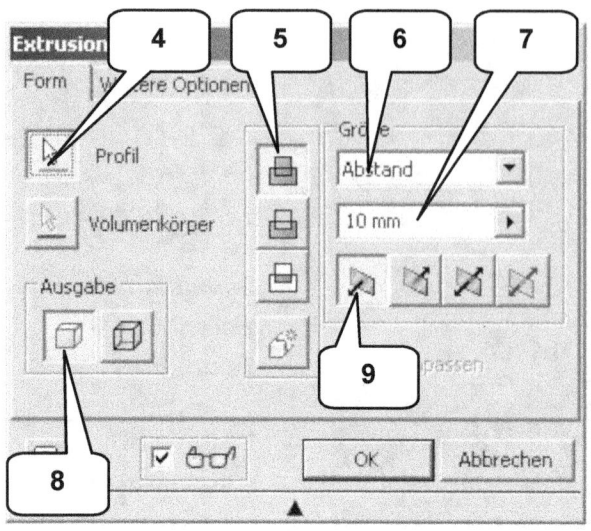 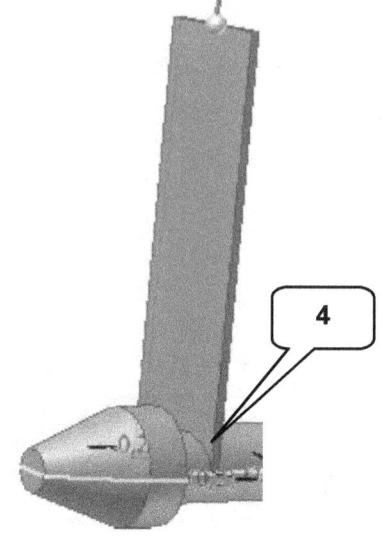

- **Extrusion**
- Profil: Linienkontur aus vorheriger Skizze (4)
- Verfahren: Vereinigung (5)
- Größe: Abstand (6)
- Wert: 10 mm (7)
- Ausgabe: Volumenkörper (8)
- Richtung: Richtung 1 (9)
- **OK**

12.4 Weitere Elemente mittels runder Anordnung erzeugen

Weitere Elemente sind mittels *runder Anordnung* um die X-Achse zu erzeugen.

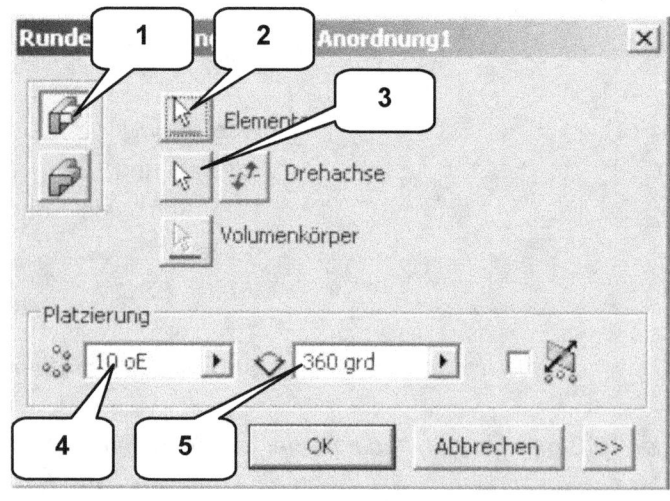 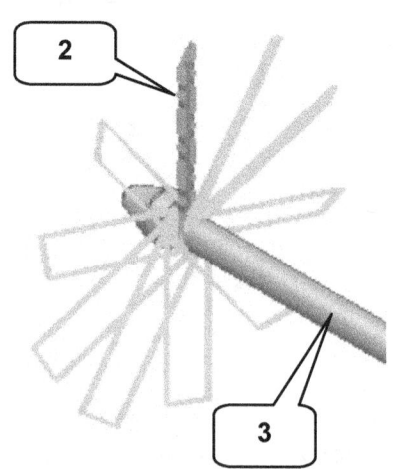

Bauteil: Turbineneinheit

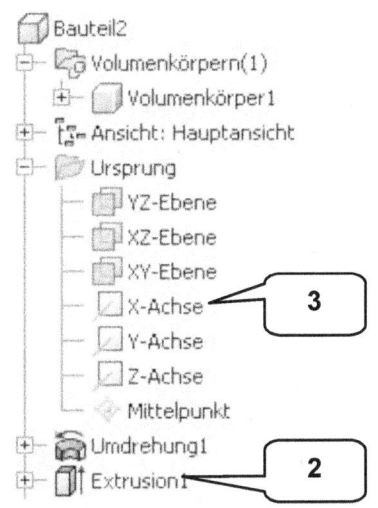

- ➢ **Runde Anordnung (Polar)**
- ➢ Option: Einzelne Elemente anordnen (1)
- ➢ Elemente: Letzte Extrusion im Modellbaum wählen (2)
- ➢ Drehachse: X-Achse im Modellbaum wählen (3)
- ➢ Anzahl: 10 (4)
- ➢ Winkel: 360° (5)
- ➢ **OK**

12.5 Erzeugen einer rechteckigen Anordnung

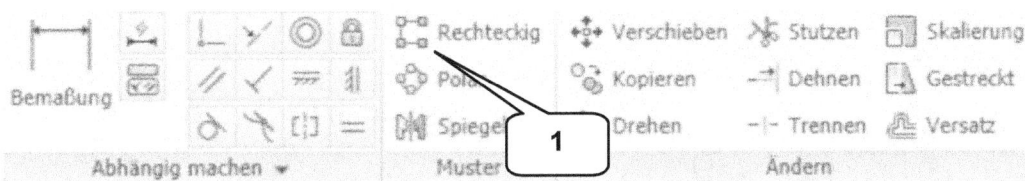

Das auf der ersten Seite erzeugte Schaufelrad wird auch auf der anderen Seite benötigt. Da die gesamte Anordnung aufgrund der technischen Gegebenheiten nicht gespiegelt werden kann, muss ein anderer Befehl verwendet werden: **Rechteckige Anordnung** (1).

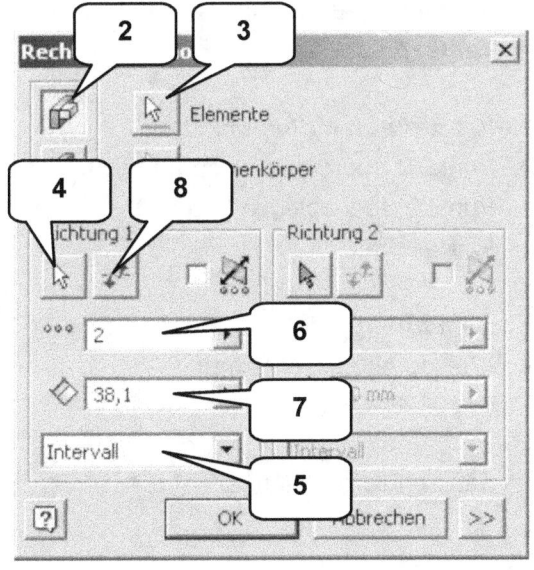
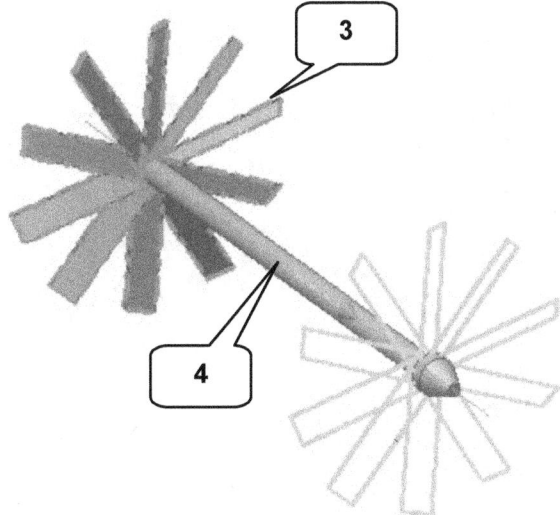

Bauteil: Turbineneinheit

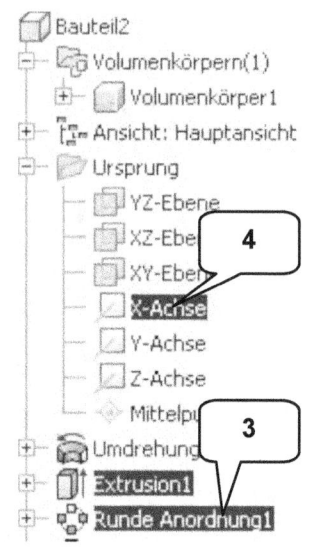

- **Rechteckige Anordnung** (1)
- Option: Einzelne Elemente anordnen (2)
- Elemente: Runde Anordnung im Modellbaum wählen (3)
- Richtung: X-Achse (4)
- Option: Intervall (5)
- Anzahl: 2 (6)
- Abstand: 38,1 mm (7)
- **OK**

*Es ist darauf zu achten, dass die Anordnung entlang der X-Achse in Richtung des vorhandenen Volumenkörpers verläuft. Die durch die Anordnung erzeugte Kopie muss also auf der gegenüberliegenden Wellenseite liegen. Sollte dies nicht der Fall sein, muss mit der Taste **Umschalten** (8) korrigiert werden.*

12.6 Erzeugen einer Schnittmengen-Geometrie

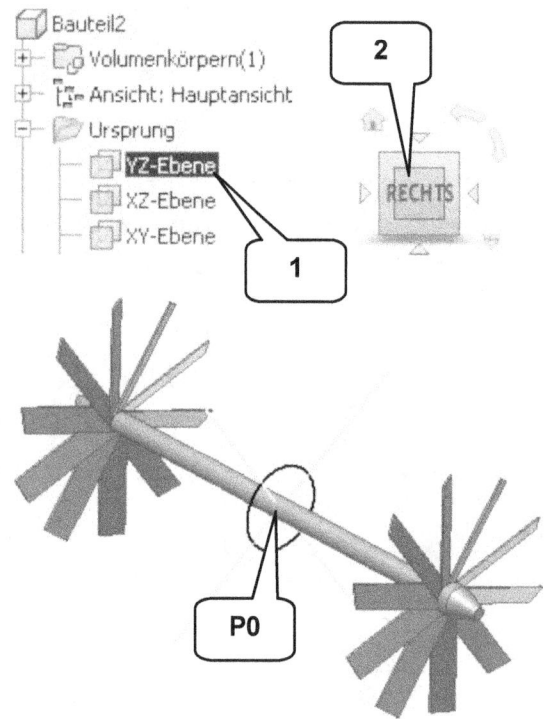

- **2D-Skizze erstellen**
- YZ-Ebene im Modellbaum wählen (1)

- **ViewCube-Ansicht: RECHTS** (2)
- **Taste: F7** (Skizze aufschneiden)

- **Geometrie projizieren**
- 3 Hauptachsen wählen
- **Taste: ESC**

- **Kreis durch Mittelpunkt**
- Punkt 1: Koordinatenursprung (P0)
- Punkt 2: Frei ablegen
- **Taste: ESC**

- **Bemaßung**
- Kreisdurchmesser: 7 mm
- **Taste: ESC**

- **Skizze fertig stellen**

Bauteil: Turbineneinheit

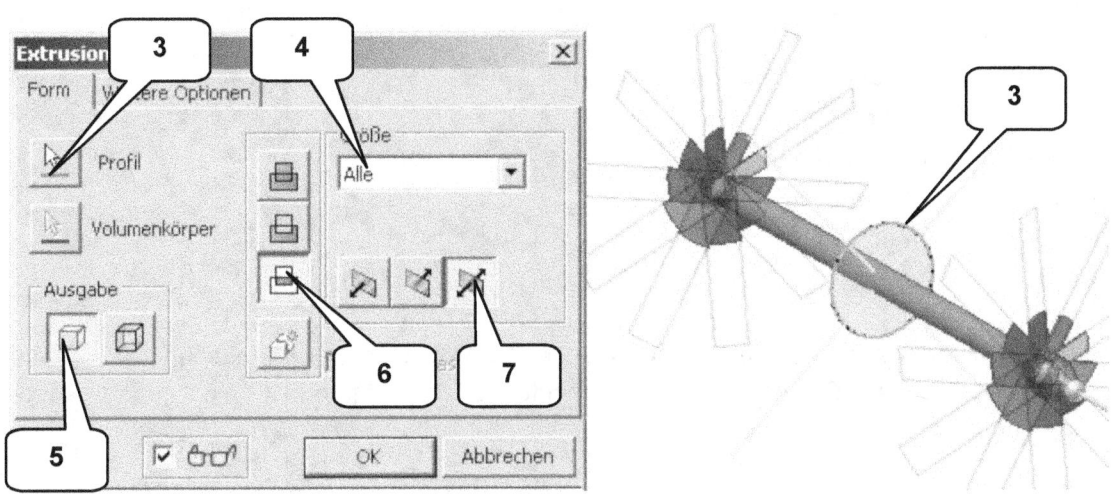

- **Extrusion**
- Profil: Kreis (3)
- Größe: Alle (4)
- Ausgabe: Volumenkörper (5)
- Verfahren: Schnittmenge (6)
- Richtung: Symmetrisch (7)
- **OK**

12.7 Runden der beiden Wellenenden

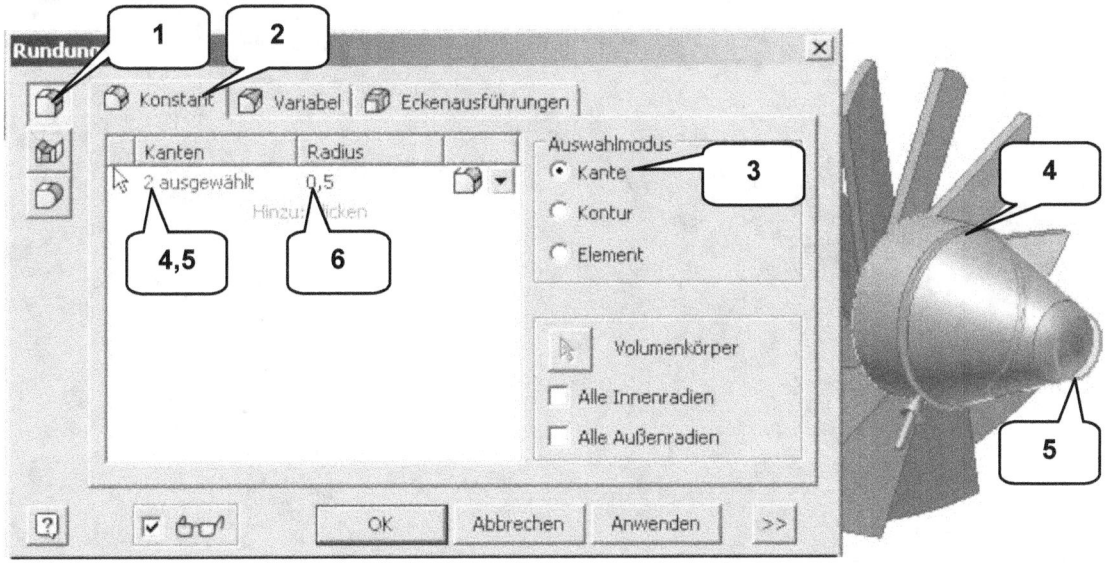

- **Rundung**
- Option: Kantenabrundung (1)
- Reiter: Konstant (2)
- Auswahlmodus: Kante (3)
- Kanten: Kanten wählen (4, 5)
- Radius: 0,5 mm (6)
- **OK**

Die beiden auf der gegenüberliegenden Seite der Welle noch vorhandenen Kanten sind ebenfalls zu runden. Das Bauteil Turbineneinheit ist damit fertiggestellt und kann gespeichert und geschlossen werden.

- **Speichern**
- Dateiname: **Turbineneinheit**
- Dateityp: (*.ipt)
- **Speichern**

- **Datei schließen**

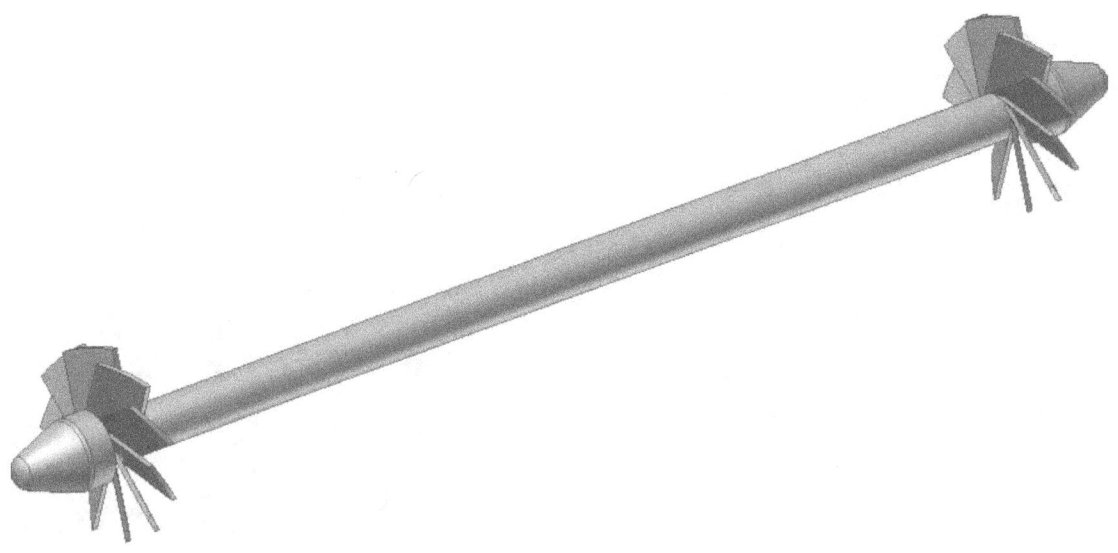

13 Baugruppe: Hubschrauber

13.1 Erstellen der neuen Datei und Platzieren des ersten Bauteils

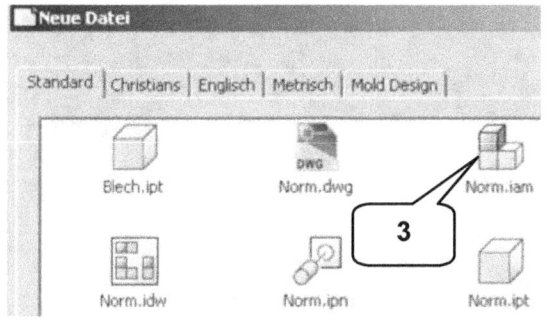

Im nächsten Schritt soll die Baugruppe **Hubschrauber** zusammengesetzt werden. Hierfür ist eine neue Baugruppendatei zu erzeugen. Als Vorlage muss die **Norm.iam** verwendet werden.

Im Anschluss soll das Bauteil **Landegestell.ipt** eingefügt werden.

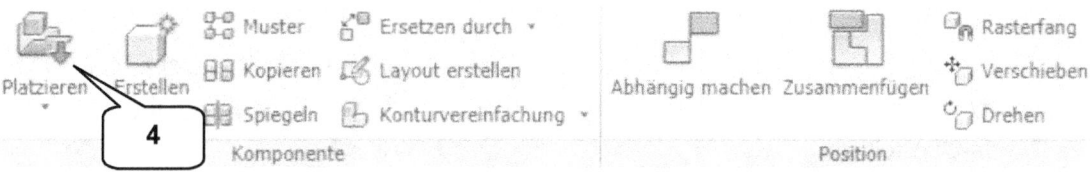

Das Einfügen von Bauteilen oder Unterbaugruppen in einer Baugruppe erfolgt über den Befehl **Komponente platzieren** (4). Hierbei ist zu beachten, dass die als erstes in eine Baugruppe eingefügte Komponente (Bauteil/Baugruppe) automatisch ausgerichtet und fixiert wird. Das bedeutet, dass das Koordinatensystem der eingefügte Komponente auf das Koordinatensystem der Baugruppe ausgerichtet und anschließend vom Programm festgesetzt wird. Im Modellbaum erkennt man diese Komponente an einem kleinen Pin-Symbol. Diese Tatsache sollte bei jeder Baugruppe berücksichtigt werden. Günstig ist es daher, als erstes eine Komponente einzufügen, welche nicht beweglich sein muss und auf welcher alle anderen Komponenten aufbauen können.

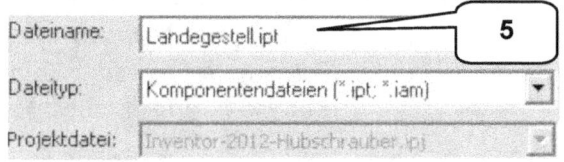

- ➤ **Komponente platzieren** (4)
- ➤ Dateiname: Landegestell.ipt (5)
- ➤ **ÖFFNEN**
- ➤ **Taste: ESC**

13.2 Platzieren der restlichen Bauteile

Im nächsten Schritt sind die restlichen Bauteile in die Baugruppe einzufügen. Nachdem der Befehl **Komponente platzieren** gestartet wurde, sind im gleichnamigen Befehlsfenster bei gedrückter **STRG-Taste** nacheinander die restlichen Bauteile auszuwählen.

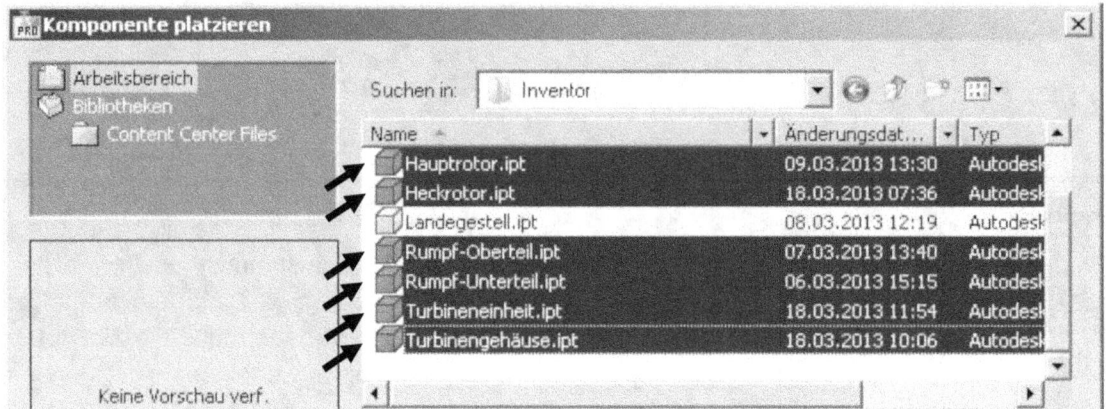

- **Komponente einfügen**
- Bei gedrückter **STRG-Taste** mit linker Maustaste die folgenden Bauteile wählen:
- Hauptrotor.ipt
- Heckrotor.ipt
- Rumpf-Oberteil.ipt
- Rumpf-Unterteil.ipt

- Turbineneinheit.ipt
- Turbinengehäuse.ipt
- **ÖFFNEN**

- Bauteile einmal im Zeichenbereich mit linker Maustaste ablegen (einmal)
- **Taste: ESC**

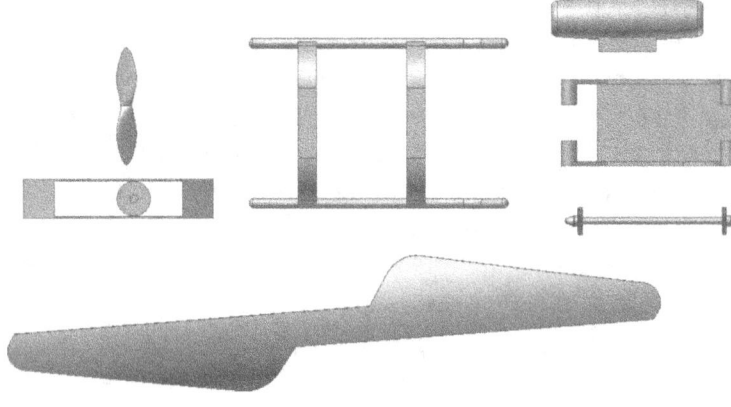

Das zuerst in eine Baugruppe eingefügte Bauteil wird automatisch einmal im Zeichenbereich abgelegt und ausgerichtet. Die folgend eingefügten Bauteile müssen manuell mit der linken Maustaste abgelegt werden. Erst dann ist der Befehl zu beenden. Die Ausrichtung dieser Komponenten erfolgt anschließend.

13.3 Bauteil: Rumpf-Unterteil mit Abhängigkeiten versehen

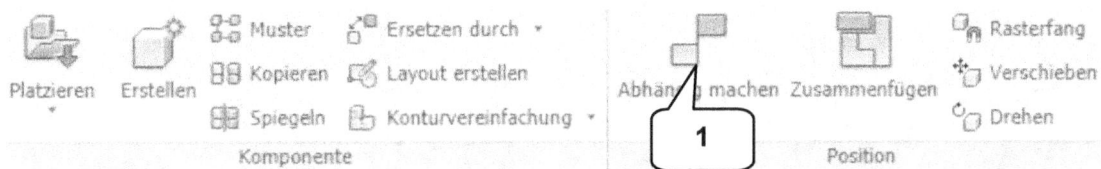

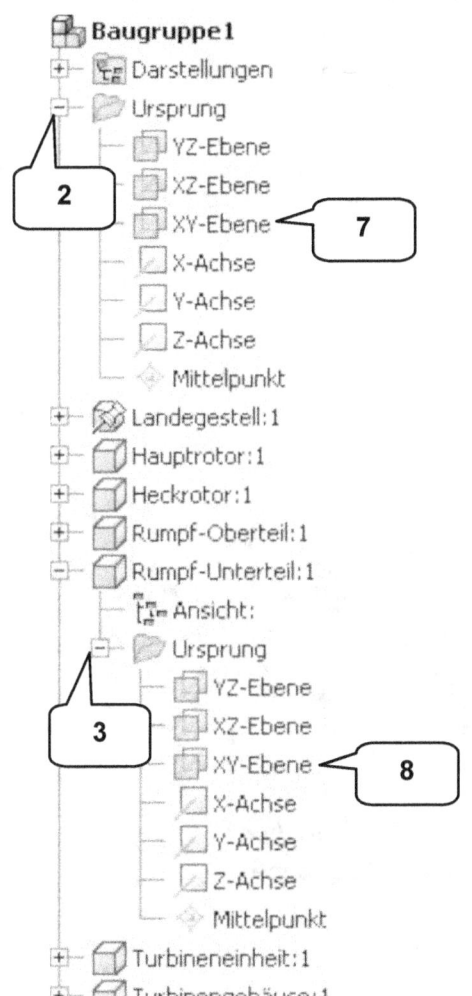

Werden Komponenten in einer Baugruppe eingefügt, so besitzen sie insgesamt sechs Freiheitsgrade (ausgenommen das erste Bauteil was automatisch festgesetzt wird). Diese Freiheitsgrade setzen sich zusammen aus den drei linearen Bewegungen entlang der Hauptachsen einer Baugruppe (X, Y, Z) sowie den Rotationen um die selbigen.

Mit dem Befehl **Abhängig machen** (1) werden frei bewegliche Komponenten in diesen Freiheitsgraden eingeschränkt (Eliminierung der Freiheitsgrade). Als erstes Bauteil soll das **Rumpf-Unterteil** mit Abhängigkeiten versehen werden.

Vorab müssen im Modellbaum der Ordner Ursprung der Baugruppe (2) sowie der Ordner Ursprung des Bauteils Rumpf-Unterteil (3) aufgeklappt werden. Anschließend soll die XY-Ebene des Bauteils Rumpf-Unterteil (8) auf die XY-Ebene der Baugruppe (7) gelegt werden.

➢ Ordner Ursprung der Baugruppe aufklappen (2)
➢ Ordner Ursprung des Bauteils Rumpf-Unterteil aufklappen (3)

*Besonders am Anfang muss das Setzen von Abhängigkeiten geübt werden. Nach jeder gesetzten Abhängigkeit sollte der Befehl **Abhängig machen** geschlossen werden und anschließend bei gedrückter linker Maustaste auf das betreffende Bauteil und dem Bewegen der Maus geprüft werden, ob die Abhängigkeiten richtig gesetzt wurden. Das Bauteil sollte sich jetzt nur noch eingeschränkt bewegen lassen.*

Baugruppe: Hubschrauber

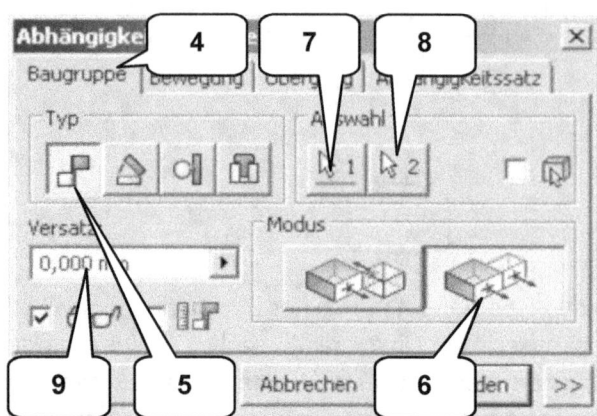

- **Abhängig machen** (1)
- Reiter: Baugruppe (4)
- Typ: Passend (5)
- Modus: Fluchtend (6)
- Auswahl 1: XY-Ebene (Baugruppe) (7)
- Auswahl 2: XY-Ebene (Rumpf-Unterteil) (8)
- Versatz: 0 mm (9)
- **OK**

Die folgenden Abhängigkeiten sollen Flächen des Bauteils Rumpf-Unterteil mit Flächen des Bauteils Landegestell verbinden.

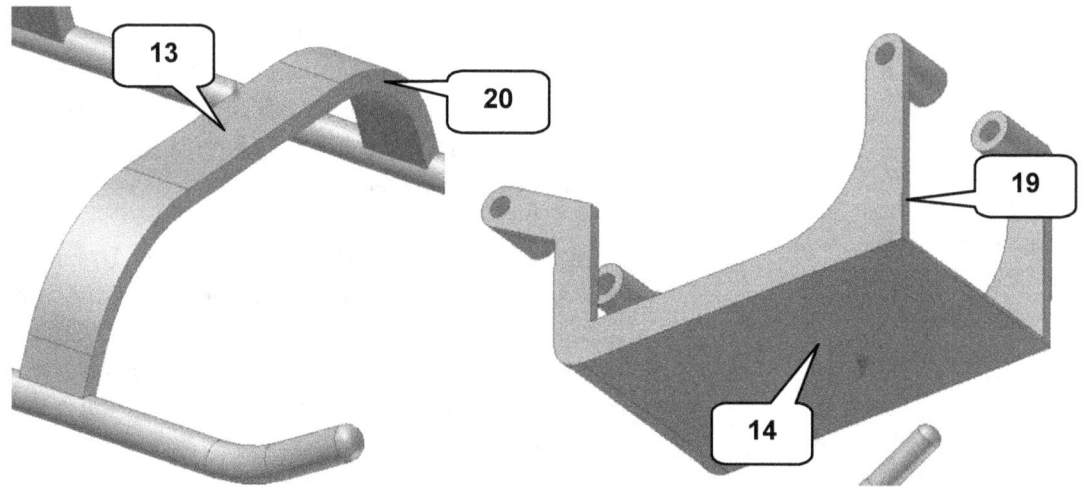

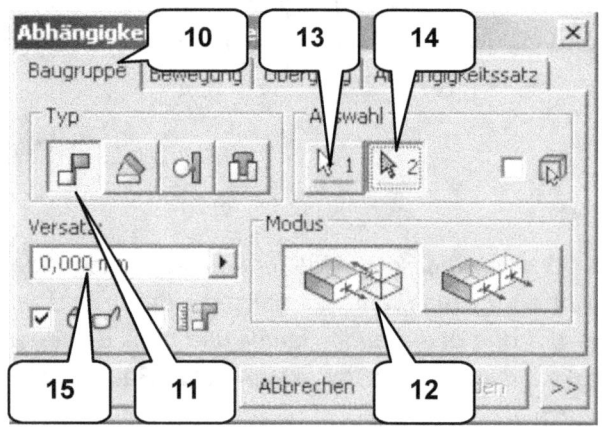

- **Abhängig machen**
- Reiter: Baugruppe (10)
- Typ: Passend (11)
- Modus: Passend (12)
- Auswahl 1: Markierte Fläche (13)
- Auswahl 2: Markierte Fläche (14)
- Versatz: 0 mm (15)
- **OK**

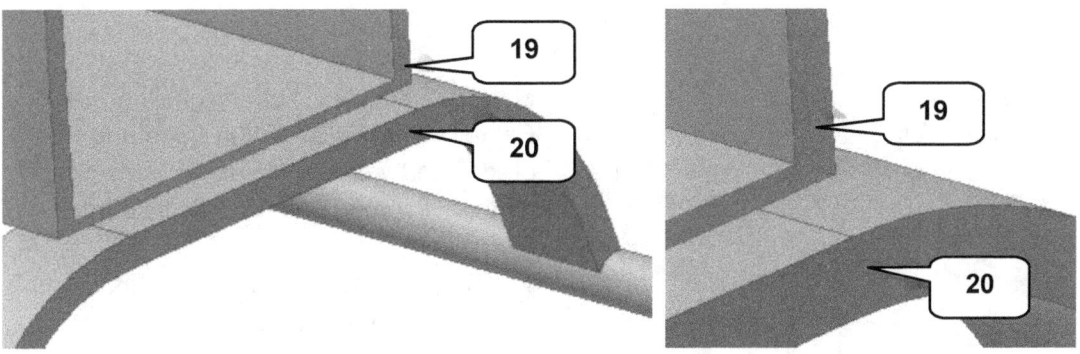

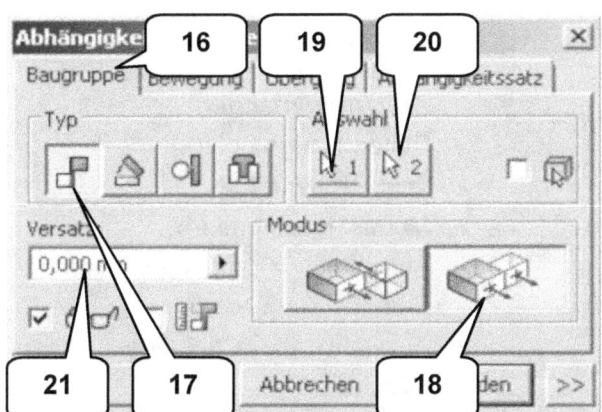

- **Abhängig machen**
- Reiter: Baugruppe (16)
- Typ: Passend (17)
- Modus: Fluchtend (18)
- Auswahl 1: Markierte Fläche (19)
- Auswahl 2: Markierte Fläche (20)
- Versatz: 0 mm (21)
- **OK**

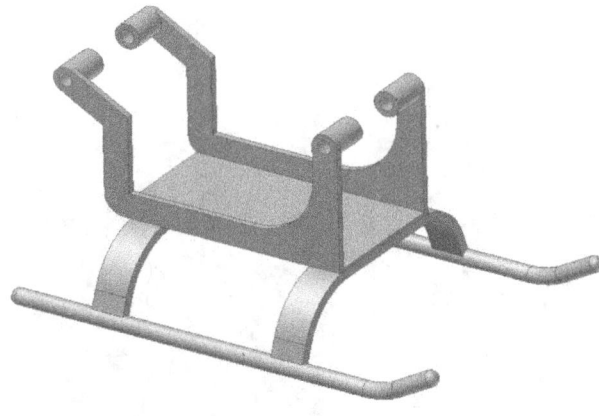

Das Bauteil Rumpf-Unterteil sollte jetzt bei gedrückter linker Maustaste und Verschieben der Maus nicht mehr beweglich sein. Beim Versuch das Bauteil mit der Maus wegzuziehen, erscheint ein kleines Symbol mit einem durchgestrichenen Kreis.

*Werden Komponenten in einer Baugruppe mit Abhängigkeiten versehen, werden diese Abhängigkeiten im Modellbaum innerhalb der Komponente abgelegt (22). Diese können hier bearbeitet (Option **Bearbeiten** der rechten Maustaste) oder gelöscht (Option **Löschen** der rechten Maustaste) werden.*

13.4 Bauteil: Rumpf-Oberteil mit Abhängigkeiten versehen

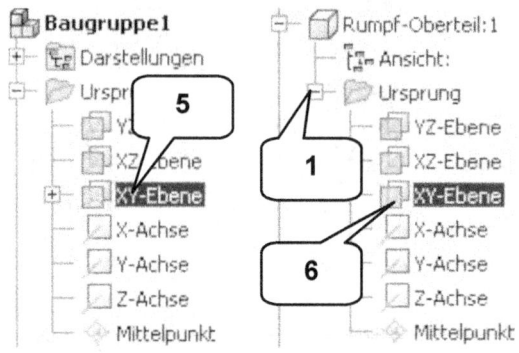

Mit den nächsten Abhängigkeiten soll das Bauteil **Rumpf-Oberteil** in Lage und Position definiert werden. Vorab ist auch hier der Ordner Ursprung des Bauteils zu öffnen.

> Ordner Ursprung des Bauteils Rumpf-Oberteil aufklappen (1)

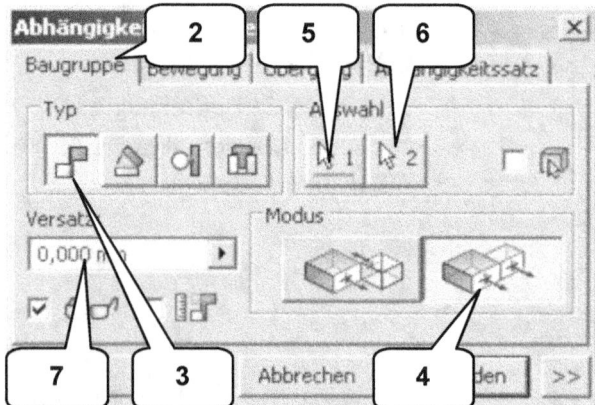

> ***Abhängig machen***
> Reiter: Baugruppe (2)
> Typ: Passend (3)
> Modus: Fluchtend (4)
> Auswahl 1: XY-Ebene (Baugruppe) (5)
> Auswahl 2: XY-Ebene (Rumpf-Oberteil) (6)
> Versatz: 0 mm (7)
> ***OK***

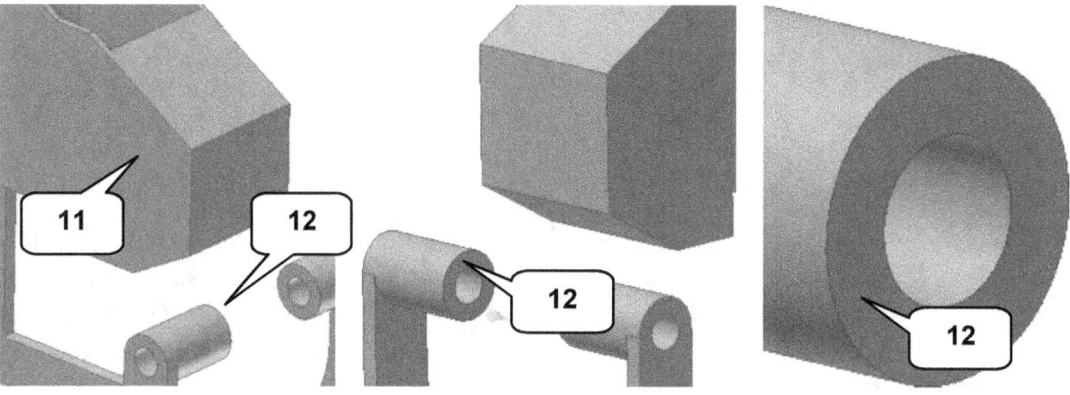

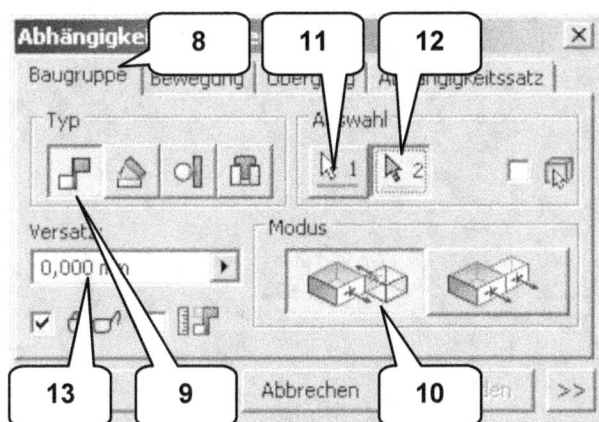

- **Abhängig machen**
- Reiter: Baugruppe (8)
- Typ: Passend (9)
- Modus: Passend (10)
- Auswahl 1: Markierte Fläche (11)
- Auswahl 2: Markierte Fläche (12)
- Versatz: 0 mm (13)
- **OK**

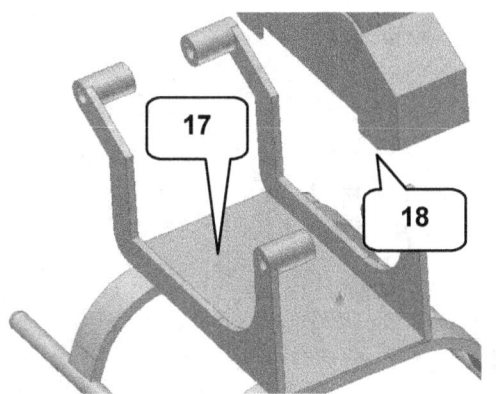
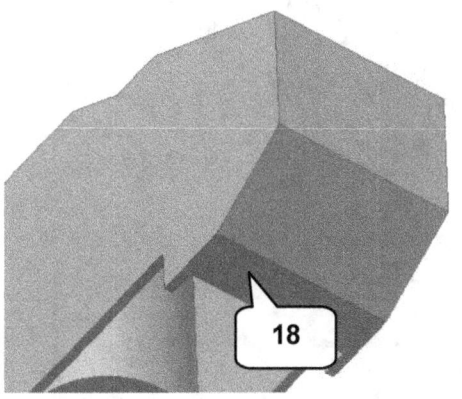

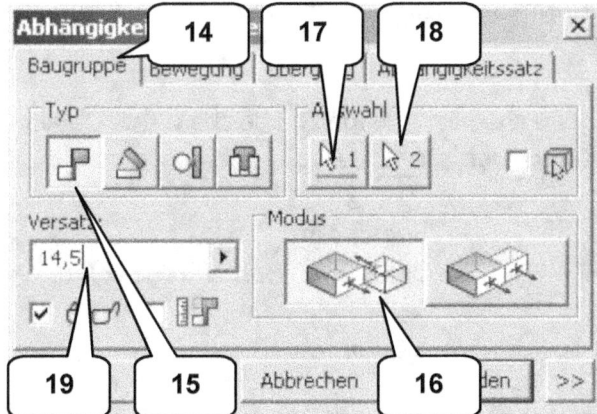

- **Abhängig machen**
- Reiter: Baugruppe (14)
- Typ: Passend (15)
- Modus: Passend (16)
- Auswahl 1: Markierte Fläche (17)
- Auswahl 2: Markierte Fläche (18)
- Versatz: **14,5 mm** (19)
- **OK**

*Beim Setzen der letzten Abhängigkeit ist darauf zu achten, den **Versatz** auf **14,5 mm** einzustellen. Auch bei den folgenden Abhängigkeiten sollte stets auf die Angabe des Wertes für den Versatz geachtet werden.* !

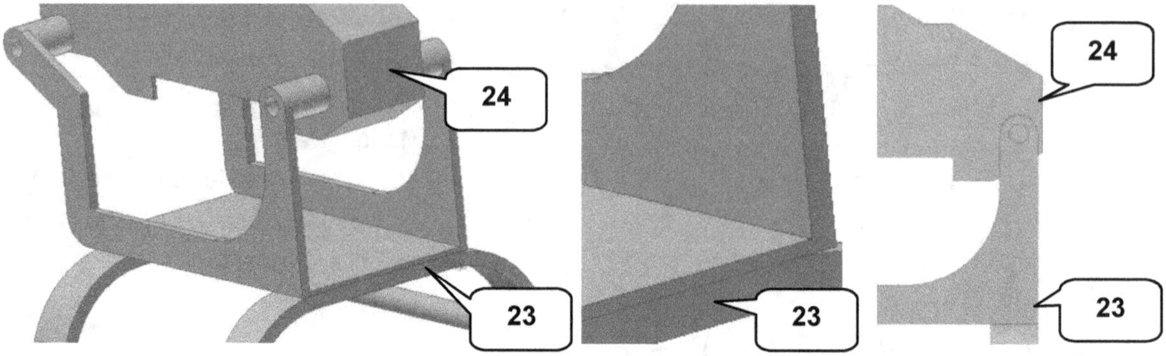

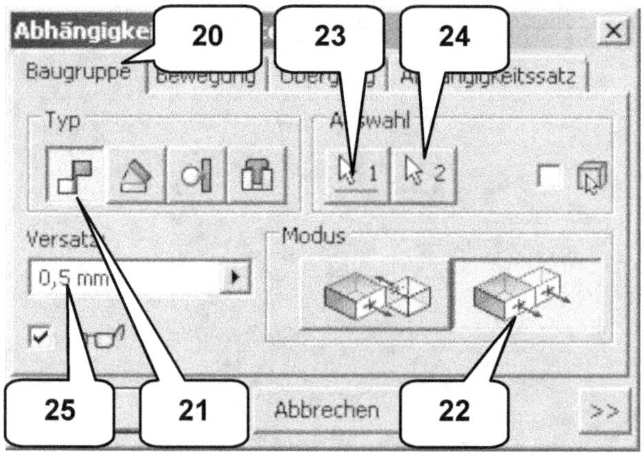

- **Abhängig machen**
- Reiter: Baugruppe (20)
- Typ: Passend (21)
- Modus: Fluchtend (22)
- Auswahl 1: Markierte Fläche (23)
- Auswahl 2: Markierte Fläche (24)
- Versatz: **0,5 mm** (25)
- **OK**

In der **ViewCube-Ansicht: OBEN** muss das Bauteil Rumpf-Oberteil **0,5 mm** nach Rechts über das Bauteil Rumpf-Unterteil hinausragen. Sollte dies nicht der Fall sein (verkehrte Richtung) ist der Versatz auf **-0,5 mm** zu korrigieren.

Vor dem Setzen der nächsten Abhängigkeiten ist die Baugruppe zu speichern. Als Dateiname ist die Bezeichnung **Hubschrauber** zu verwenden. Der Dateityp ist ***.iam**.

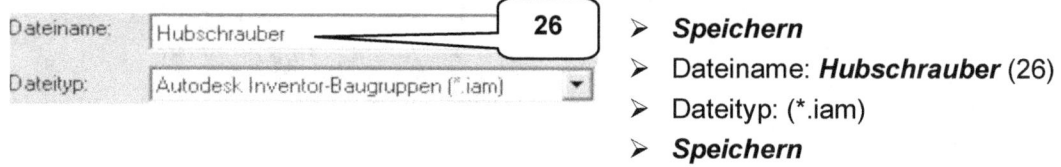

- **Speichern**
- Dateiname: **Hubschrauber** (26)
- Dateityp: (*.iam)
- **Speichern**

13.5 Bauteil: Turbinengehäuse mit Abhängigkeiten versehen

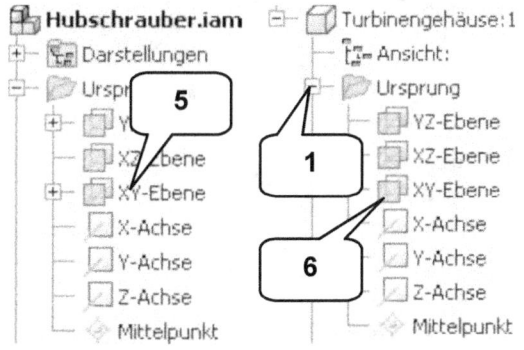

Mit den nächsten Abhängigkeiten soll das Bauteil **Turbinengehäuse** in Lage und Position definiert werden. Vorab ist auch hier der Ordner Ursprung des Bauteils zu öffnen.

> Ordner Ursprung des Bauteils Turbinengehäuse aufklappen (1)

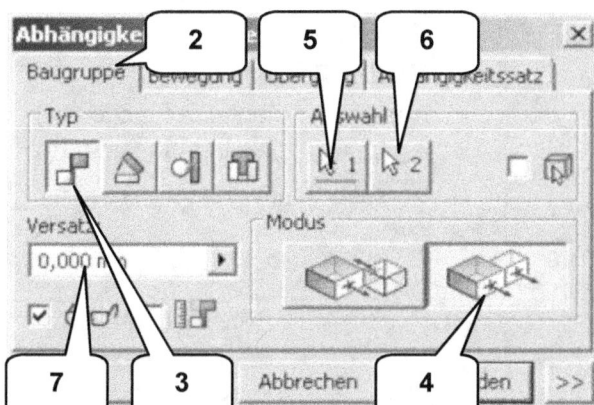

> **Abhängig machen**
> Reiter: Baugruppe (2)
> Typ: Passend (3)
> Modus: Fluchtend (4)
> Auswahl 1: XY-Ebene (Baugruppe) (5)
> Auswahl 2: XY-Ebene (Turbinengehäuse) (6)
> Versatz: 0 mm (7)
> **OK**

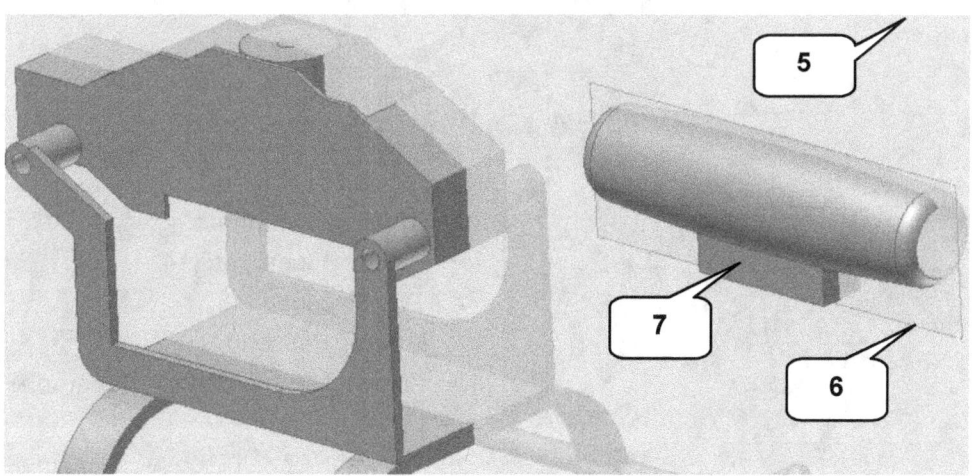

*Das Turbinengehäuse muss wie in der oberen Abbildung dargestellt angeordnet sein. Das lineare Extrusionselement (7) des Turbinengehäuses sollte nach unten zeigen. Wenn nicht, ist der Modus der Abhängigkeit von Fluchtend auf **Passend** zu ändern.*

Baugruppe: Hubschrauber

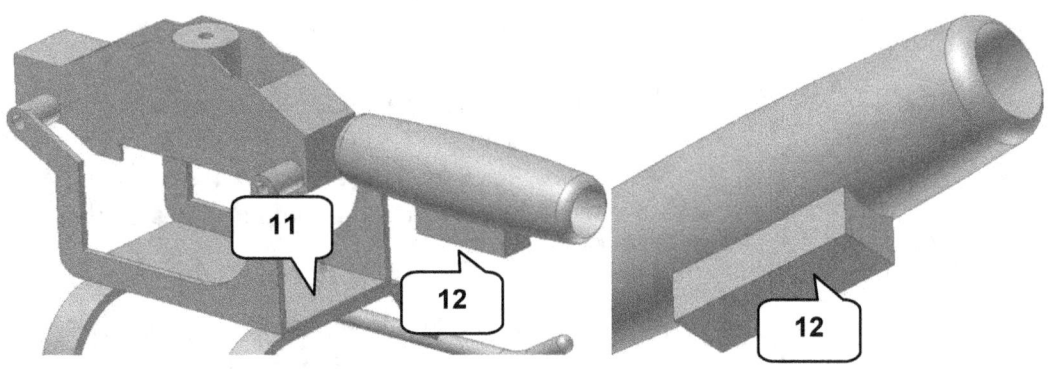

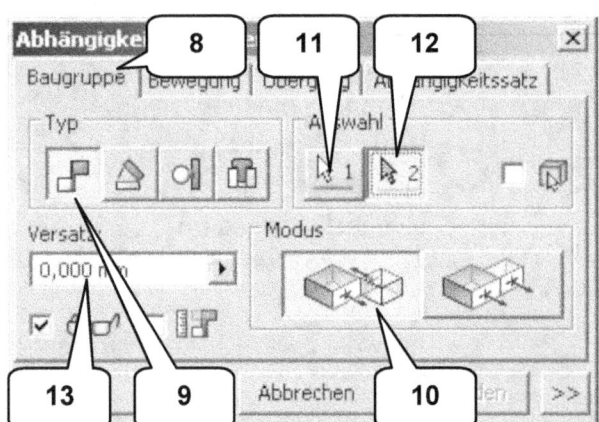

- **Abhängig machen**
- Reiter: Baugruppe (8)
- Typ: Passend (9)
- Modus: Passend (10)
- Auswahl 1: Markierte Fläche (11)
- Auswahl 2: Markierte Fläche (12)
- Versatz: 0 mm (13)
- **OK**

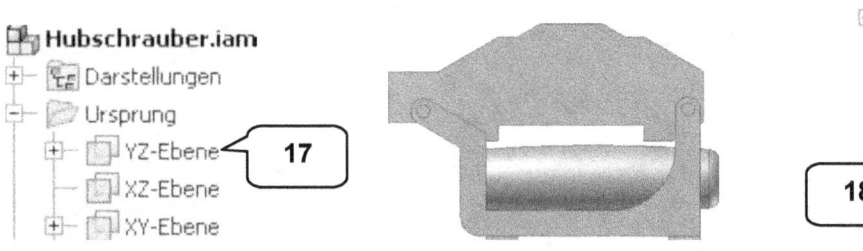

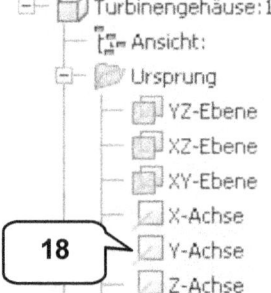

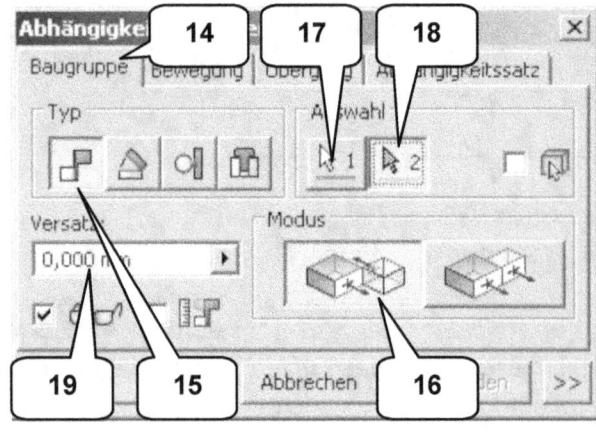

- **Abhängig machen**
- Reiter: Baugruppe (14)
- Typ: Passend (15)
- Modus: Passend (16)
- Auswahl 1: YZ-Ebene (Baugruppe) (17)
- Auswahl 2: Y-Achse (Turbinengehäuse) (18)
- Versatz: 0 mm (19)
- **OK**

13.6 Bauteil: Turbineneinheit mit Abhängigkeiten versehen

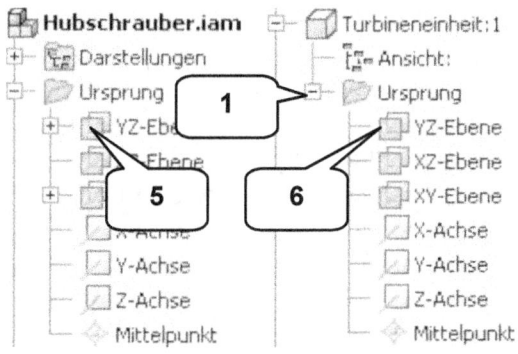

Mit den nächsten Abhängigkeiten soll das Bauteil **Turbineneinheit** in Lage und Position definiert werden. Vorab ist auch hier der Ordner Ursprung des Bauteils zu öffnen.

➢ Ordner Ursprung des Bauteils Turbineneinheit aufklappen (1)

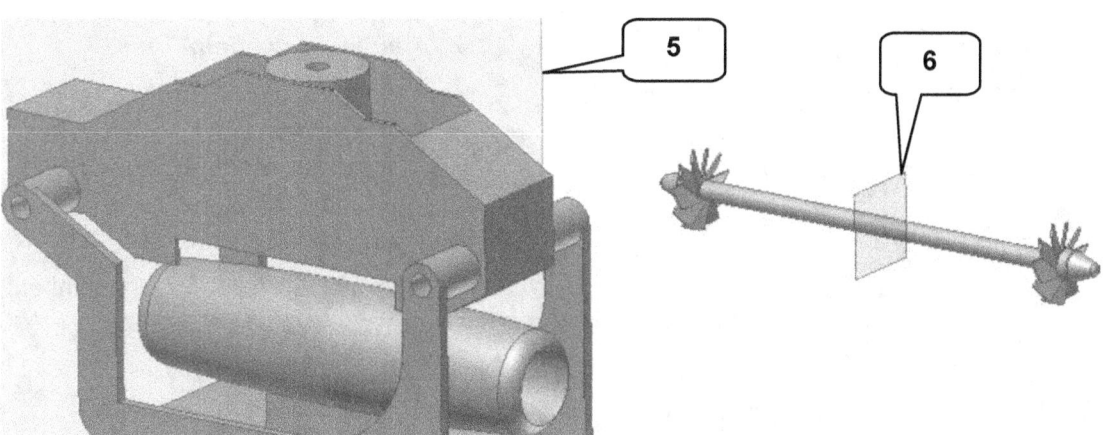

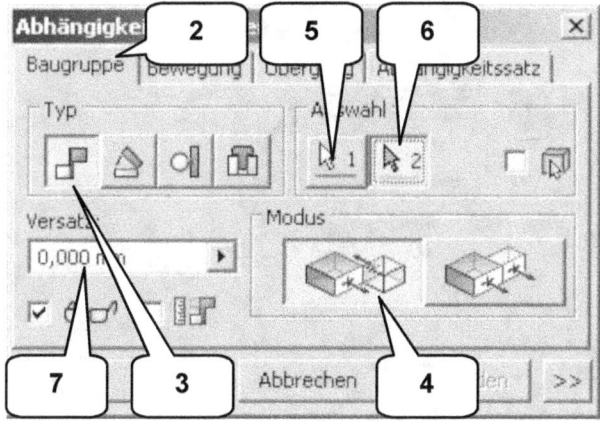

➢ **Abhängig machen**
➢ Reiter: Baugruppe (2)
➢ Typ: Passend (3)
➢ Modus: Passend (4)
➢ Auswahl 1: YZ-Ebene (Baugruppe) (5)
➢ Auswahl 2: YZ-Ebene (Turbineneinheit) (6)
➢ Versatz: 0 mm (7)
➢ **OK**

Mit der nächsten Abhängigkeit soll die Längsachse der Turbineneinheit mit der Längsachse des Turbinengehäuses verbunden werden. Hierbei genügt es, auf die Rotationsflächen des jeweiligen Bauteils zu klicken. Das Programm wählt die passende Achse automatisch.

Baugruppe: Hubschrauber

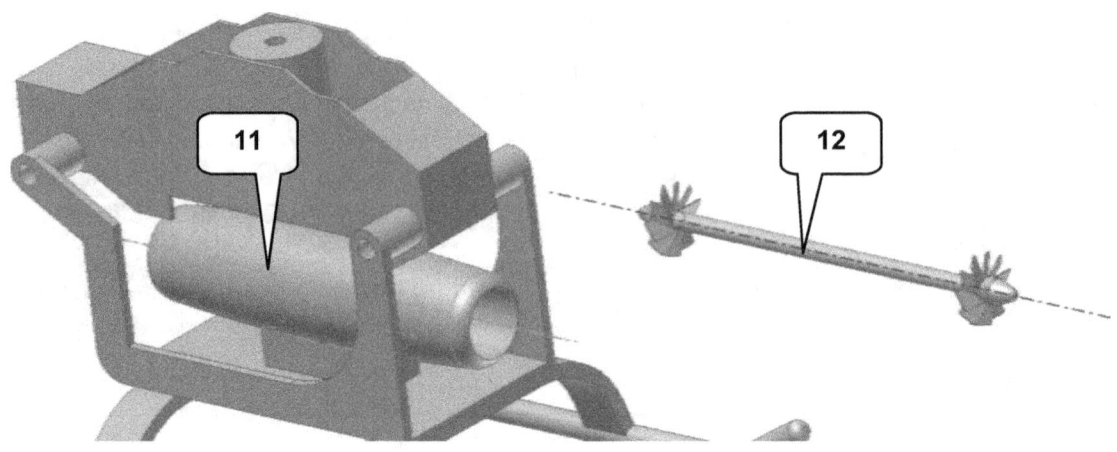

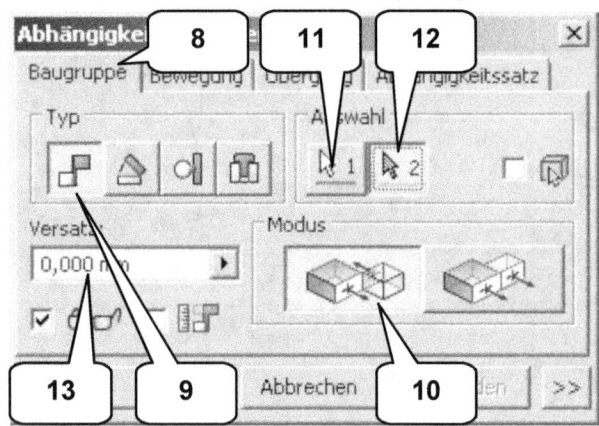

- **Abhängig machen**
- Reiter: Baugruppe (8)
- Typ: Passend (9)
- Modus: Passend (10)
- Auswahl 1: Mantelfläche (Turbinengehäuse) (11)
- Auswahl 2: Welle (Turbineneinheit) (12)
- Versatz: 0 mm (13)
- **OK**

13.7 Bauteil: Hauptrotor mit Abhängigkeiten versehen

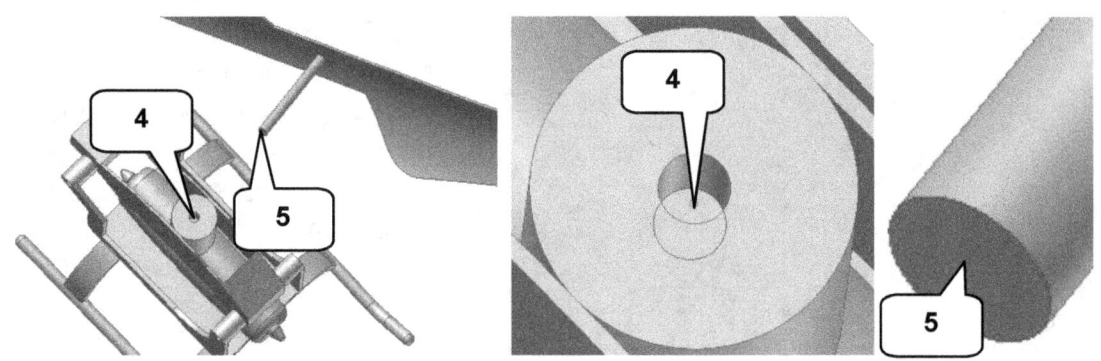

Baugruppe: Hubschrauber

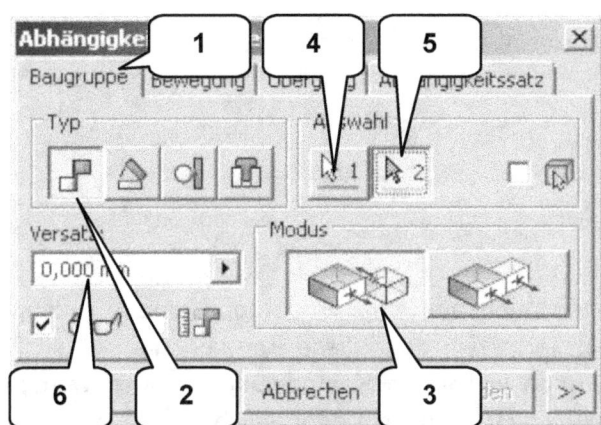

- **Abhängig machen**
- Reiter: Baugruppe (1)
- Typ: Passend (2)
- Modus: Passend (3)
- Auswahl 1: Markierte Fläche (Rumpf-Oberteil) (4)
- Auswahl 2: Markierte Fläche (Hauptrotor) (5)
- Versatz: 0 mm (6)
- **OK**

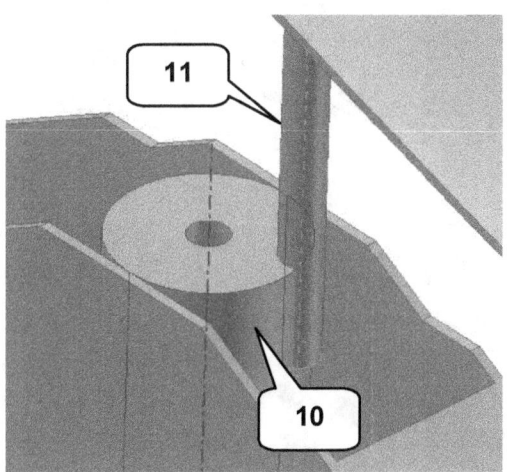

Auch hier werden die Achsen zweier Bauteile dadurch miteinander verbunden, dass die äußeren Zylinderflächen der zylindrischen Objekte gewählt werden.

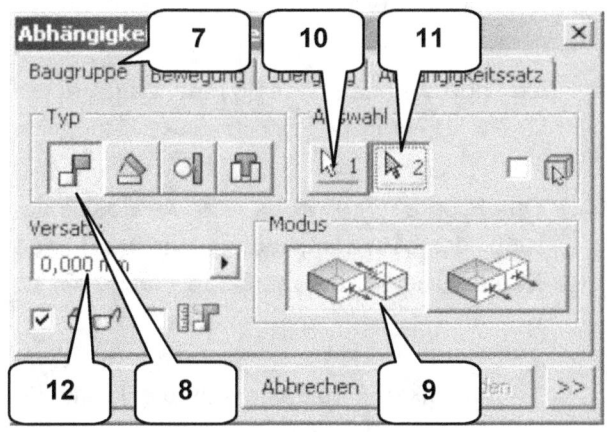

- **Abhängig machen**
- Reiter: Baugruppe (7)
- Typ: Passend (8)
- Modus: Passend (9)
- Auswahl 1: Zylinderfläche (Rumpf-Oberteil) (10)
- Auswahl 2: Zylinderfläche (Hauptrotor) (11)
- Versatz: 0 mm (12)
- **OK**

Baugruppe: Hubschrauber

13.8 Bauteil: Heckausleger aus der Baugruppe heraus erzeugen

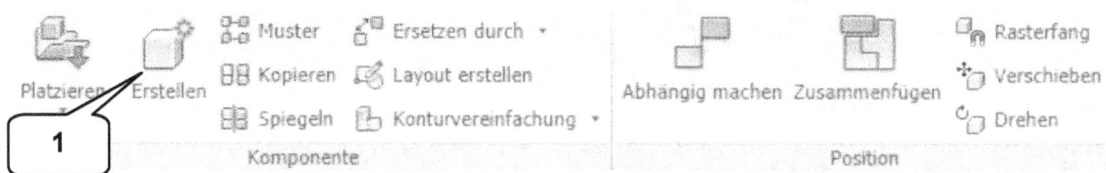

Komponenten (Bauteile/Baugruppen) können auch aus einer Baugruppe heraus erzeugt werden (Befehl **Erstellen** (1)). Der Vorteil hierbei ist, dass diese Komponenten direkt in Abhängigkeit zu den bereits in der Baugruppe platzierten Komponenten gesetzt werden können. Das spätere Setzen von Abhängigkeiten ist dann nicht erforderlich.

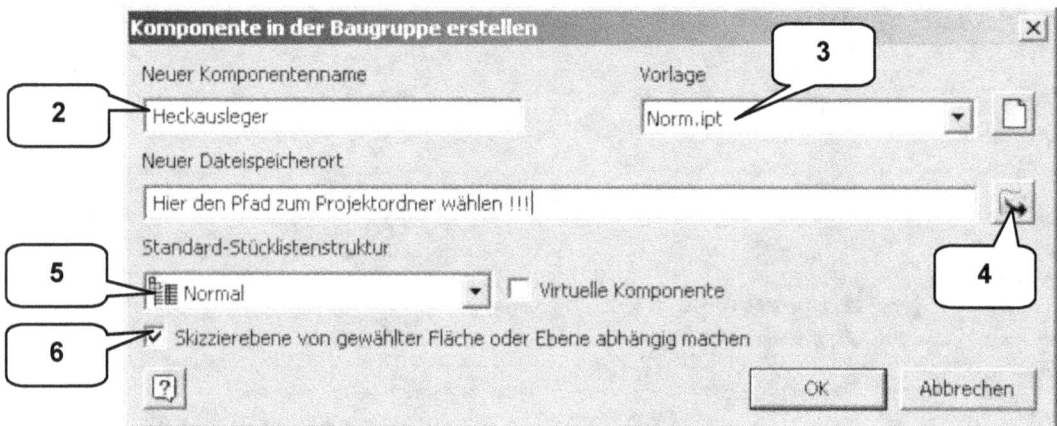

- **Erstellen** (1)
- Komponentenname: Heckausleger (2)
- Vorlage: Norm.ipt (3)
- Dateispeicherort: Projektordner aus Kapitel 1.3 wählen (4)
- Stücklistenstruktur: Normal (5)
- Aktivieren: Skizzierebene von gewählter Fläche oder Ebene abhängig machen (6)
- **OK**

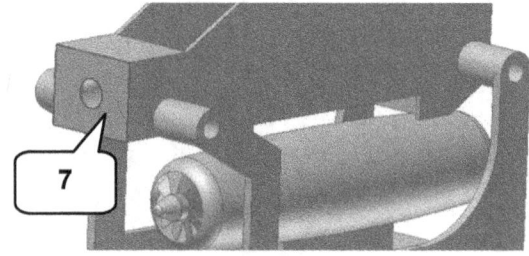

Das Programm erwartet jetzt die Positionierung der **Ausgangsebene** für das neue Bauteil. Hier ist die markierte Fläche (7) zu wählen.

- Mit linker Maustaste auf die markierte Fläche (7) klicken

Das Programm sollte auf der gewählten Fläche automatisch eine neue 2D-Skizze erzeugen, auf welcher die Kreiskante der Bohrung (Bauteil Rumpf-Oberteil) *projiziert* werden soll. Die Skizze kann dann wieder geschlossen werden.

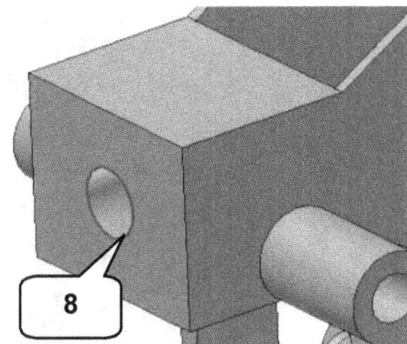

> *Geometrie projizieren*
> Markierte Bohrungskante wählen (8)
> *Taste: ESC*

> *Skizze fertig stellen*

13.9 Asymmetrisches Extrudieren der ersten Skizzenkontur

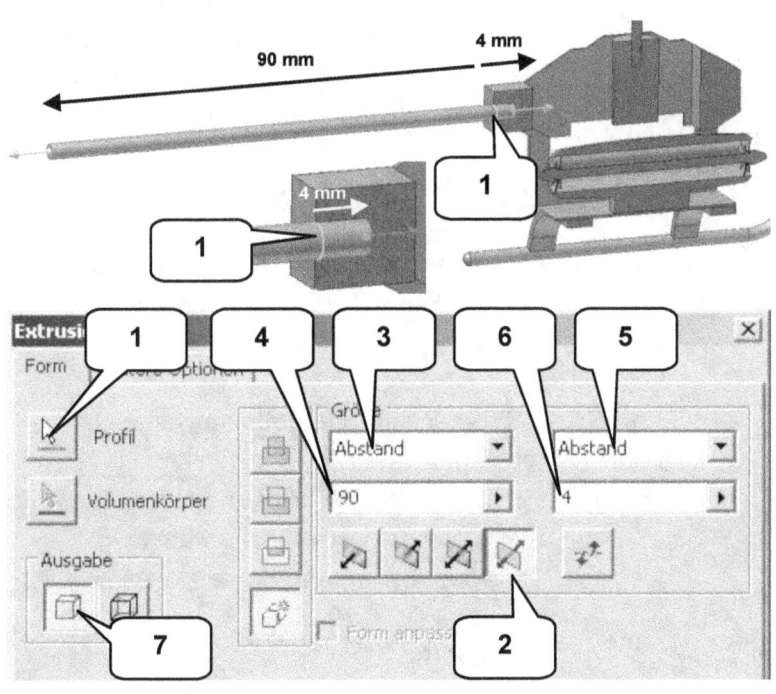

Der Kreis soll jetzt *extrudiert* werden. Diesmal muss die Extrusion in zwei verschiedene Richtungen mit unterschiedlichen Abständen erfolgen. Hierfür bietet der Befehl die Richtungsoption *Asymmetrisch* (2).

Der Kreis muss 4 mm in die Bohrung des Bauteils Rumpf-Oberteil hineinragen und 90 mm in die entgegengesetzte Richtung.

> *Extrusion*
> Profil: Kreis (1)
> Richtung: Asymmetrisch (2)
> Größe 1: Abstand (3)
> Abstand 1: 90 mm (4)

> Größe 2: Abstand (5)
> Abstand 2: 4 mm (6)
> Ausgabe: Volumenkörper (7)
> *OK*

13.10 Erzeugen neuer Arbeitselemente (Achse, Ebenen)

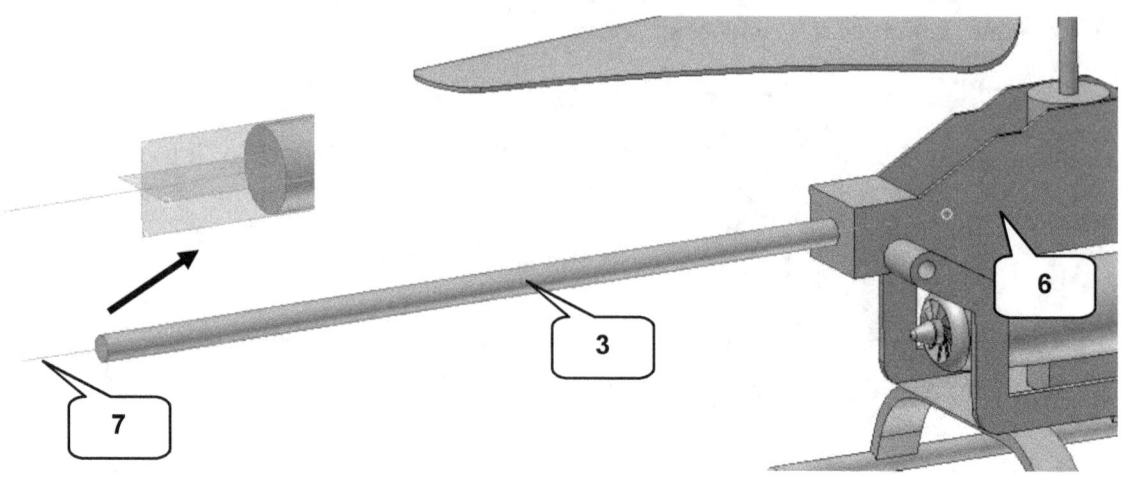

Zur weiteren Bearbeitung des Bauteils Heckausleger müssen neue Arbeitselemente (**Arbeitsachse**, **Arbeitsebenen**) erstellt werden.

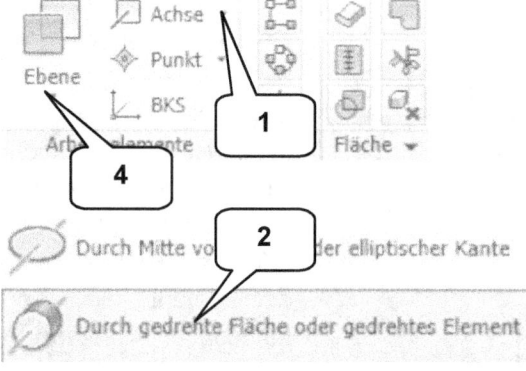

- Befehlsgruppe **Achse** erweitern (1)

- **Achse durch gedrehte Fläche...** (2)
- Markierte Zylinderfläche wählen (3)
- **Taste: ESC**

- Befehlsgruppe **Ebene** erweitern (4)

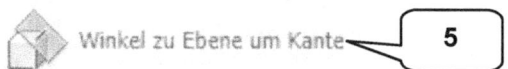

- **Ebene durch Winkel, Ebene, Kante** (5)
- Markierte Seitenfläche wählen (6)
- Neu erzeugte Arbeitsachse wählen (7)
- Winkel: 0° (8)
- **OK** (9)

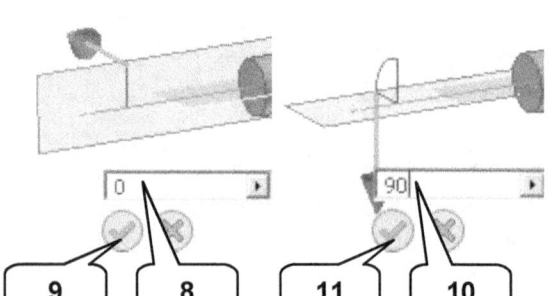

- **Ebene durch Winkel, Ebene, Kante** (5)
- Markierte Seitenfläche wählen (6)
- Neu erzeugte Arbeitsachse wählen (7)
- Winkel: 90° (10)
- **OK** (11)

13.11 Zeichnen und Extrudieren des hinteren Zylinders

Die drei neuen Arbeitselemente sollten sichtbar entlang des zylindrischen Körpers verlaufen. Auf den Arbeitsebenen können jetzt neue **2D-Skizzen** erzeugt werden.

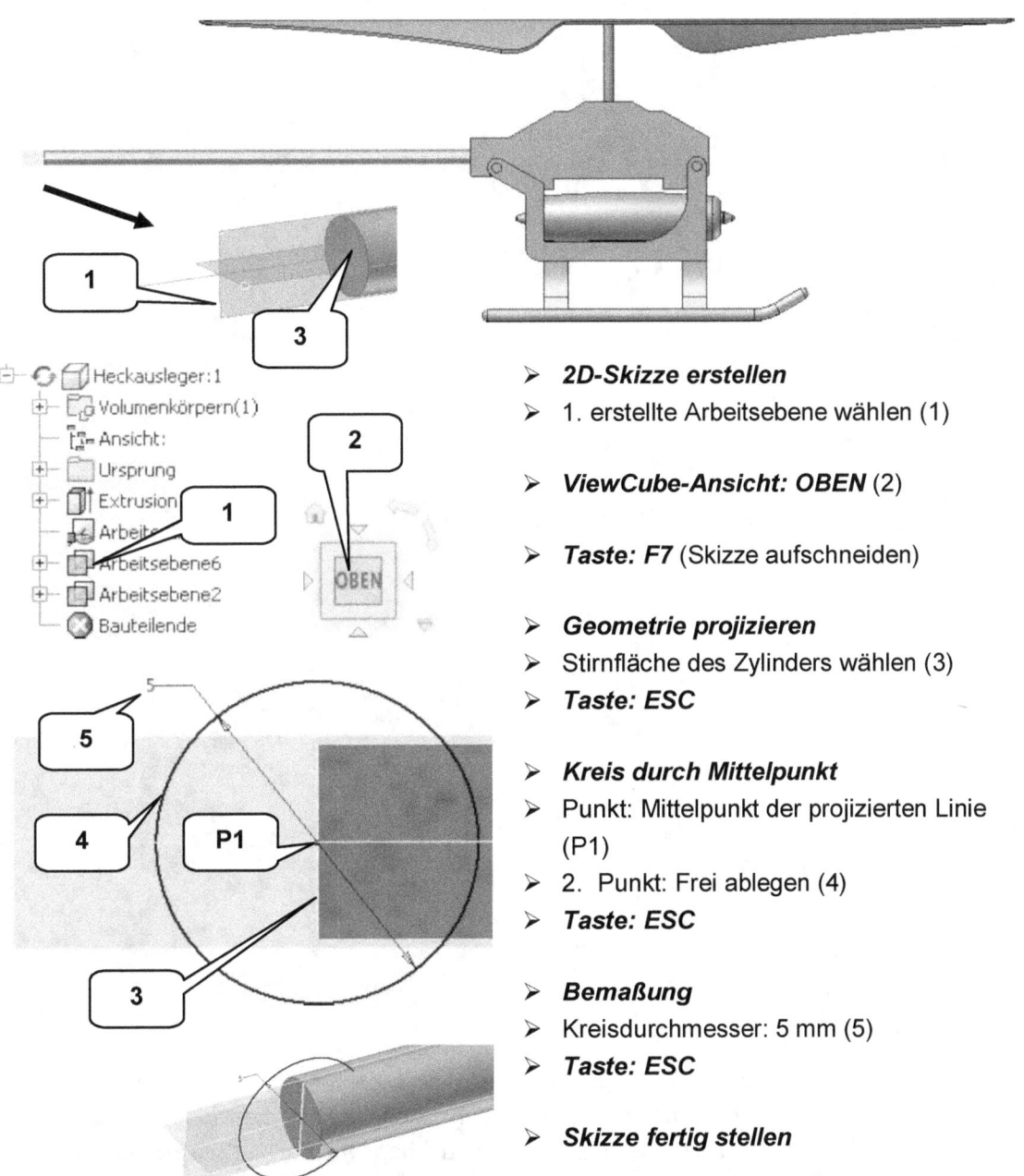

- ➢ **2D-Skizze erstellen**
- ➢ 1. erstellte Arbeitsebene wählen (1)

- ➢ **ViewCube-Ansicht: OBEN** (2)

- ➢ **Taste: F7** (Skizze aufschneiden)

- ➢ **Geometrie projizieren**
- ➢ Stirnfläche des Zylinders wählen (3)
- ➢ **Taste: ESC**

- ➢ **Kreis durch Mittelpunkt**
- ➢ Punkt: Mittelpunkt der projizierten Linie (P1)
- ➢ 2. Punkt: Frei ablegen (4)
- ➢ **Taste: ESC**

- ➢ **Bemaßung**
- ➢ Kreisdurchmesser: 5 mm (5)
- ➢ **Taste: ESC**

- ➢ **Skizze fertig stellen**

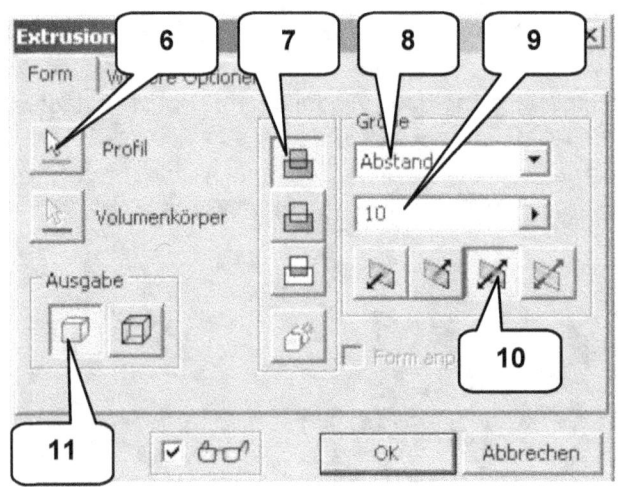
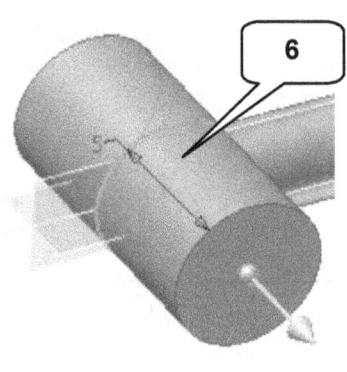

- **Extrusion**
- Profil: Kreis (6)
- Verfahren: Vereinigung (7)
- Größe: Abstand (8)

- Abstand: 10 mm (9)
- Richtung: Symmetrisch (10)
- Ausgabe: Volumenkörper (11)
- **OK**

13.12 Bohren mit konzentrischer Referenz

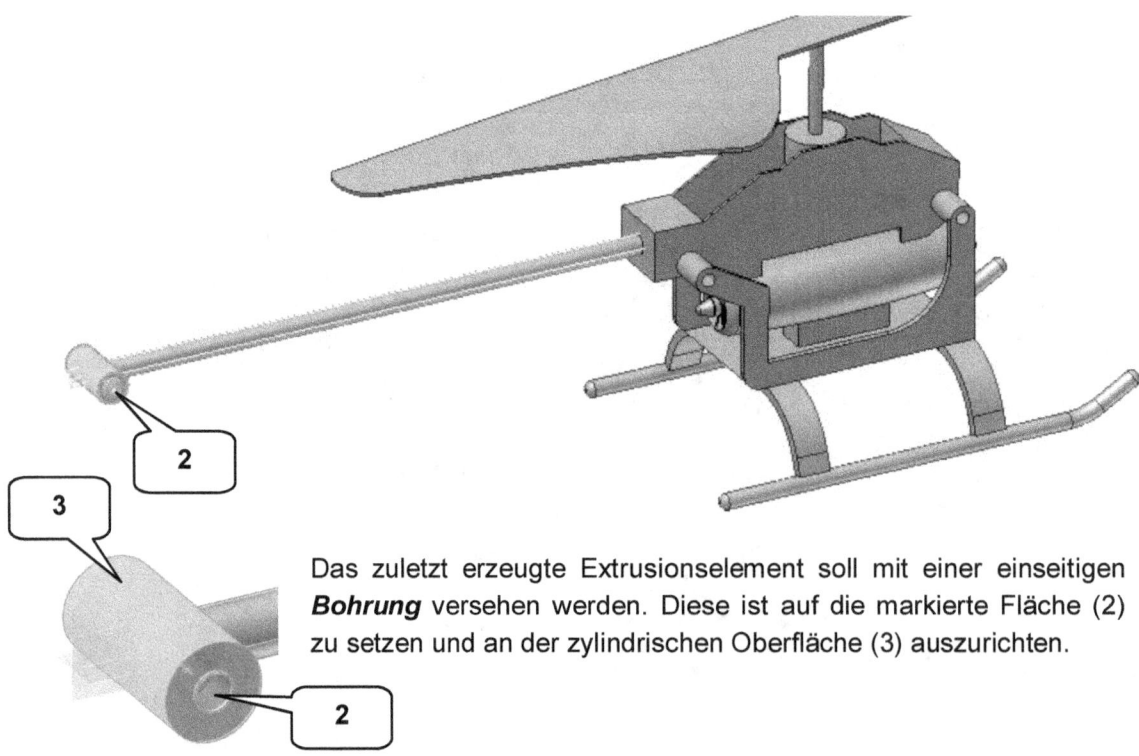

Das zuletzt erzeugte Extrusionselement soll mit einer einseitigen **Bohrung** versehen werden. Diese ist auf die markierte Fläche (2) zu setzen und an der zylindrischen Oberfläche (3) auszurichten.

Baugruppe: Hubschrauber

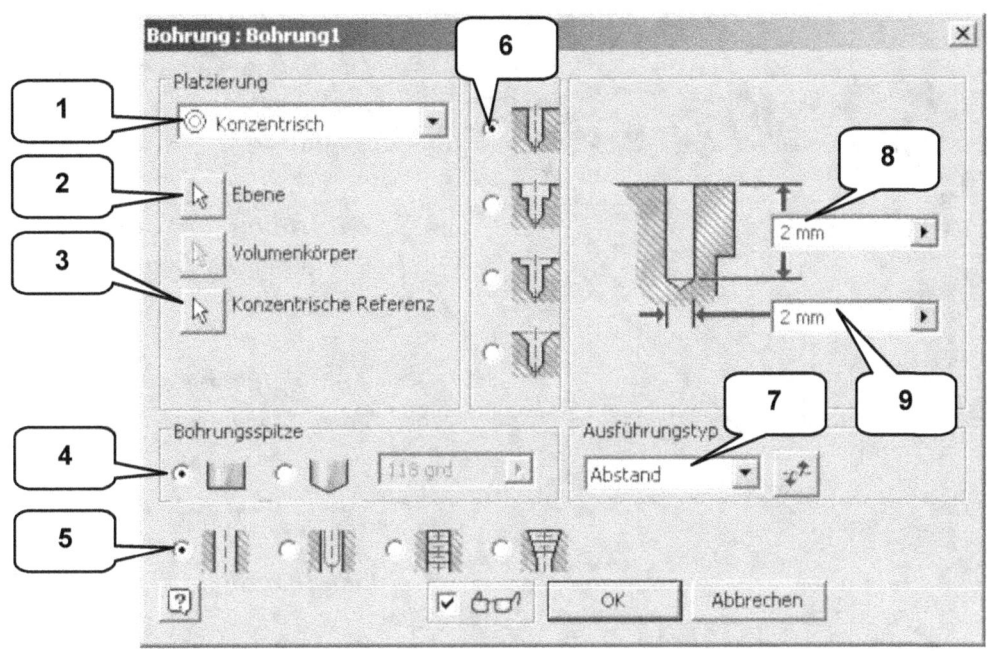

- **Bohrung**
- Platzierungstyp: Konzentrisch (1)
- Ebene: Markierte Fläche wählen (2)
- Konzentrische Referenz: Zylinderfläche (3)
- Bohrungsspitze: Flach (4)

- Option: Einfache Bohrung (5)
- Option: Bohrung (6)
- Ausführungstyp: Abstand (7)
- Bohrungstiefe: 2 mm (8)
- Bohrungsdurchmesser: 2 mm (9)
- **OK**

13.13 Zeichnen und Extrudieren einer senkrechten Geometrie

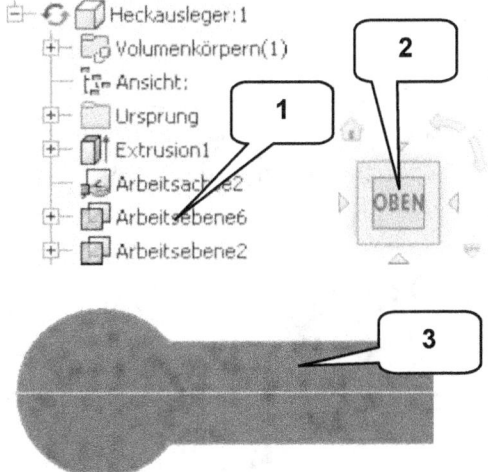

- **2D-Skizze erstellen**
- 1. erstellte Arbeitsebene wählen (1)

- **ViewCube-Ansicht: OBEN** (2)

- **Taste: F7** (Skizze aufschneiden)

- **Schnittkanten projizieren**
- Vorhandenen Volumenkörper wählen (3)
- **Taste: ESC**

Baugruppe: Hubschrauber

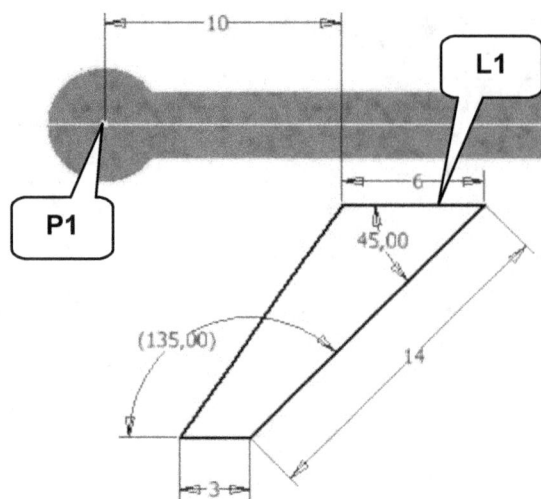

- **Linie**
- Linienkontur aus 4 Linien zeichnen wie dargestellt
- *Taste: ESC*

- **Bemaßung**
- Bemaßen wie dargestellt
- *Taste: ESC*

- **Abhängigkeit Koinzident**
- Linie (L1) wählen
- Punkt (P1) wählen
- *Taste: ESC*

- **Skizze fertig stellen**

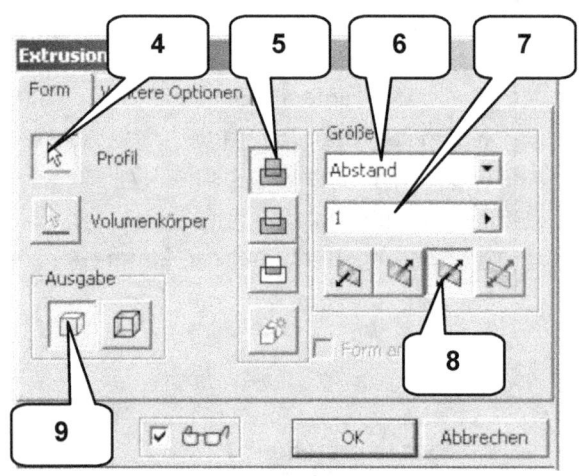

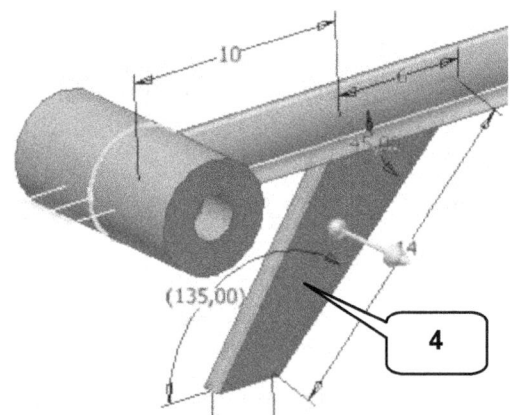

- **Extrusion**
- Profil: Skizzenkontur (4)
- Verfahren: Vereinigung (5)
- Größe: Abstand (6)

- Abstand: 1 mm (7)
- Richtung: Symmetrisch (8)
- Ausgabe: Volumenkörper (9)
- **OK**

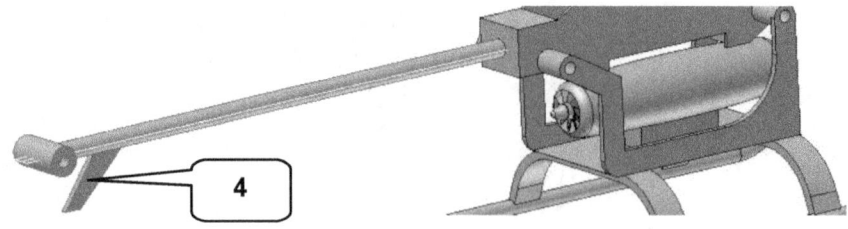

Baugruppe: Hubschrauber

13.14 Zeichnen und Extrudieren einer waagrechten Geometrie

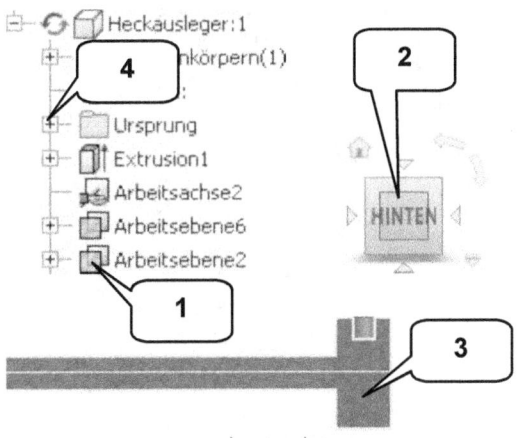

- ➢ **2D-Skizze erstellen**
- ➢ 2. erstellte Arbeitsebene wählen (1)

- ➢ **ViewCube-Ansicht: HINTEN** (2)

- ➢ **Taste: F7** (Skizze aufschneiden)

- ➢ **Schnittkanten projizieren**
- ➢ Vorhandenen Volumenkörper wählen (3)
- ➢ **Taste: ESC**

- ➢ **Geometrie projizieren**
- ➢ Ordner Urspr. aufklappen (4)
- ➢ 3 Hauptachsen wählen
- ➢ **Taste: ESC**

- ➢ **Linie**
- ➢ Linienkontur aus 6 Linien zeichnen wie dargestellt
- ➢ **Taste: ESC**

- ➢ **Bemaßung**
- ➢ Bemaßen wie dargestellt
- ➢ **Taste: ESC**

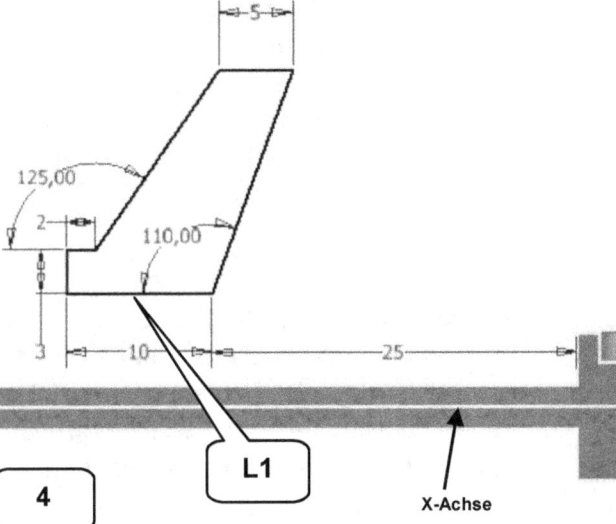

- ➢ **Abhängigkeit Kollinear**
- ➢ Linie (L1) wählen
- ➢ Projizierte X-Achse wählen
- ➢ **Taste: ESC**

- ➢ **Spiegeln**
- ➢ Auswahl: Nacheinander alle 6 Linien wählen (4)
- ➢ Spiegelachse: X-Achse
- ➢ **ANWENDEN**
- ➢ **FERTIG**

Baugruppe: Hubschrauber

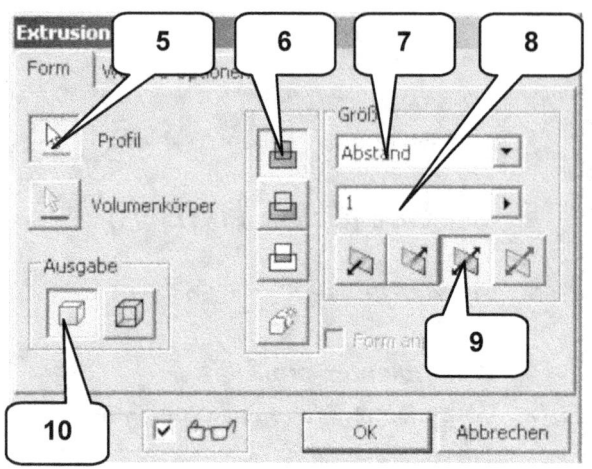
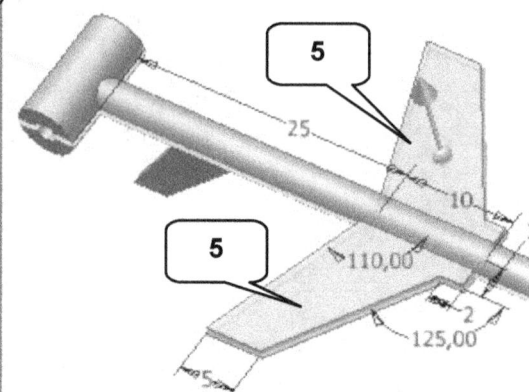

- **Skizze fertig stellen**

- **Extrusion**
- Profil: Beide Konturen wählen (5)
- Verfahren: Vereinigung (6)

- Größe: Abstand (7)
- Abstand: 1 mm (8)
- Richtung: Symmetrisch (9)
- Ausgabe: Volumenkörper (10)
- **OK**

13.15 Zeichnen und Extrudieren der Anschlussgeometrie

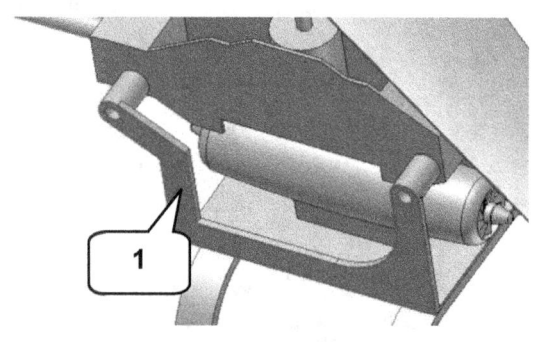

Im nächsten Arbeitsschritt soll auf der äußeren Fläche des Bauteils Rumpf-Unterteil eine neue **2D-Skizze** erzeugt werden. Das Programm wird die hierfür benötigte zusätzliche Arbeitsebene automatisch erstellen.

- **2D-Skizze**
- Markierte Fläche wählen (1)

- **ViewCube-Ansicht: OBEN (2)**

- **Schnittkanten projizieren**
- Markierte Fläche wählen (1)
- **Taste: ESC**

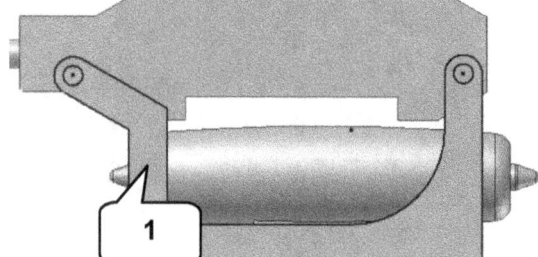
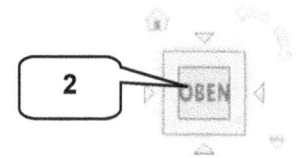

Baugruppe: Hubschrauber

In der linken unteren Ecke der projizierten Kontur sollen jetzt ein **Kreis** und ein **Rechteck** gezeichnet werden. Der Kreismittelpunkt ist auf den Mittelpunkt des projizierten Bogens zu setzen. Das Rechteck wird vorerst außerhalb des Kreises gezeichnet und anschließend mit einer Abhängigkeit versehen. Anschließend wird der Kreis gestutzt.

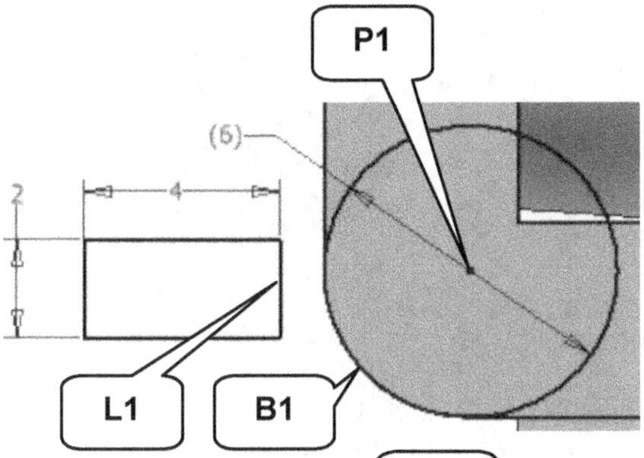

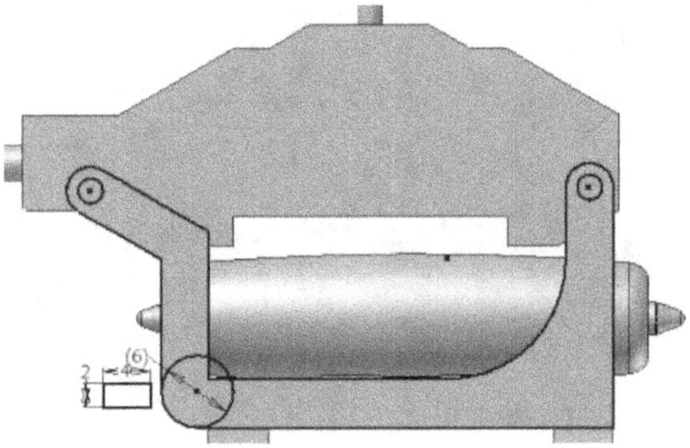

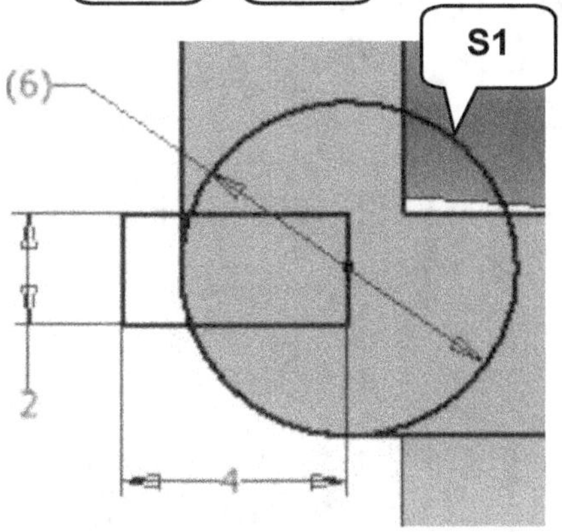

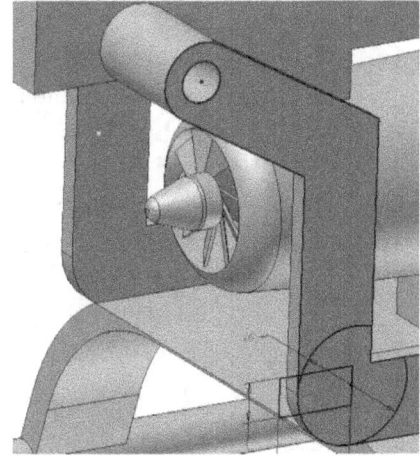

- ➢ *Kreis*
- ➢ 1. Punkt: Projizierter Bogenmittelpunkt (P1)
- ➢ 2. Punkt: Projizierter Bogen (B1)
- ➢ *Taste: ESC*

- ➢ *Rechteck durch zwei Punkte*
- ➢ Rechteck zeichnen wie dargestellt
- ➢ *Taste: ESC*

- ➢ *Bemaßung*
- ➢ Rechteck bemaßen wie dargestellt
- ➢ *Taste: ESC*

- ➢ *Abhängigkeit Koinzident*
- ➢ Linienmittelpunkt (L1) wählen
- ➢ Bogenmittelpunkt (P1) wählen
- ➢ *Taste: ESC*

- ➢ *Stutzen*
- ➢ Bogensegment (S1) wählen (entfernen)
- ➢ *Taste: ESC*

- ➢ *Skizze fertig stellen*

Baugruppe: Hubschrauber

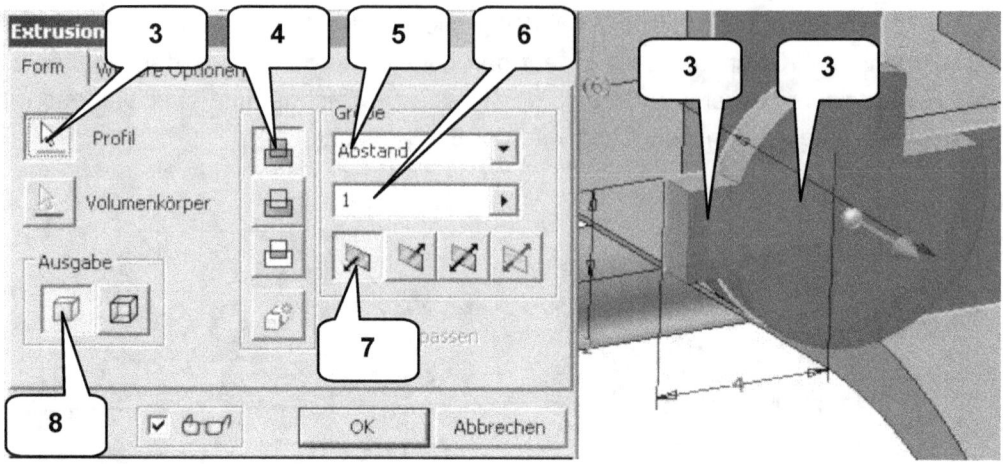

- **Extrusion**
- Profil: Kreis und Rechteck wählen (3)
- Verfahren: Vereinigung (4)
- Größe: Abstand (5)
- Abstand: 1 mm (6)
- Richtung: Richtung 1 (7)
- Ausgabe: Volumenkörper (8)
- **OK**

Bei der Richtung der Extrusion ist darauf zu achten, dass diese vom vorhandenen Bauteil weg zeigt. Sollte dies nicht der Fall sein, muss Richtung 2 verwendet werden.

13.16 Erzeugen einer Erhebung

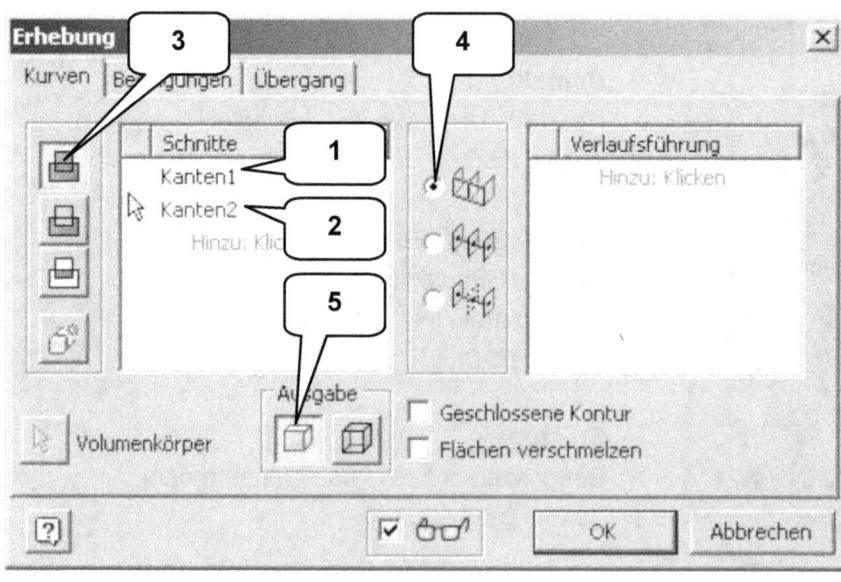

Die zuletzt erzeugte Extrusion muss jetzt mit dem restlichen Volumenkörper des Bauteils durch eine **Erhebung** verbunden werden. Zusätzliche Skizzen sind hierfür nicht erforderlich.

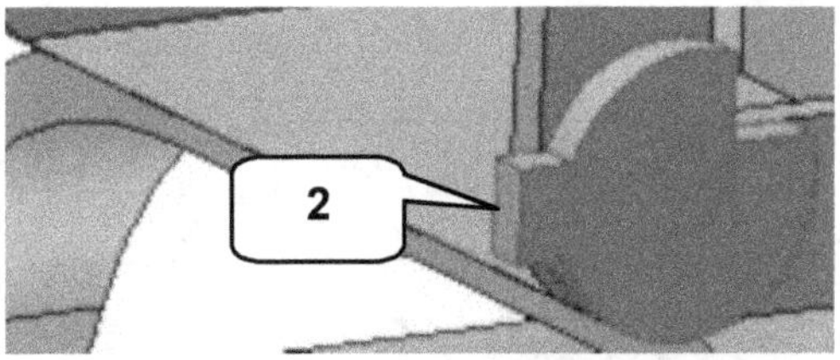

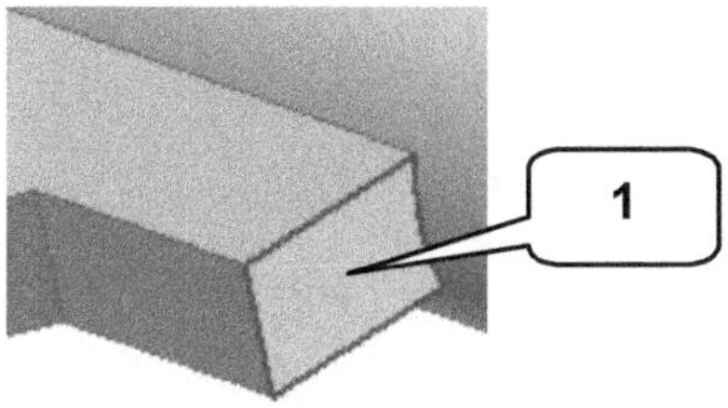

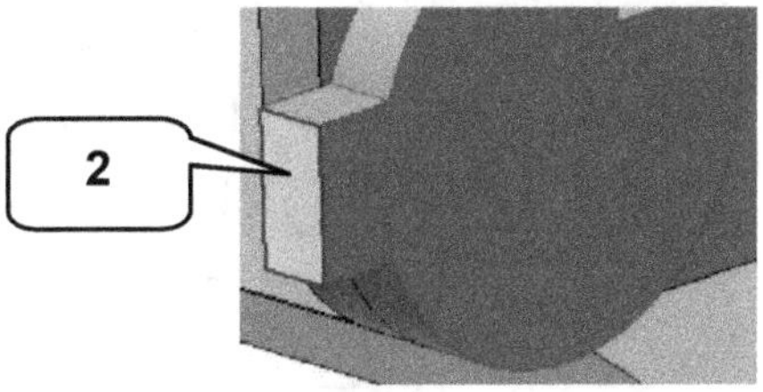

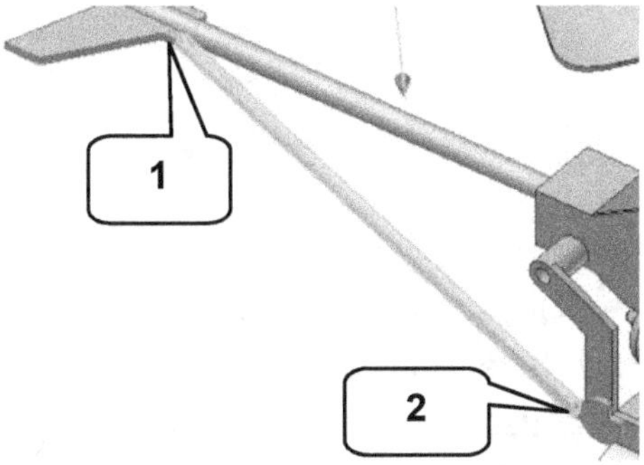

Baugruppe: Hubschrauber

- **Erhebung**
- 1. markierte Fläche wählen (1)
- 2. markierte Fläche wählen (2)
- Verfahren: Vereinigung (3)
- Typ: Verlaufsführung (4)
- Ausgabe: Volumenkörper (5)
- OK

13.17 Spiegeln der letzten beiden geometrischen Elemente

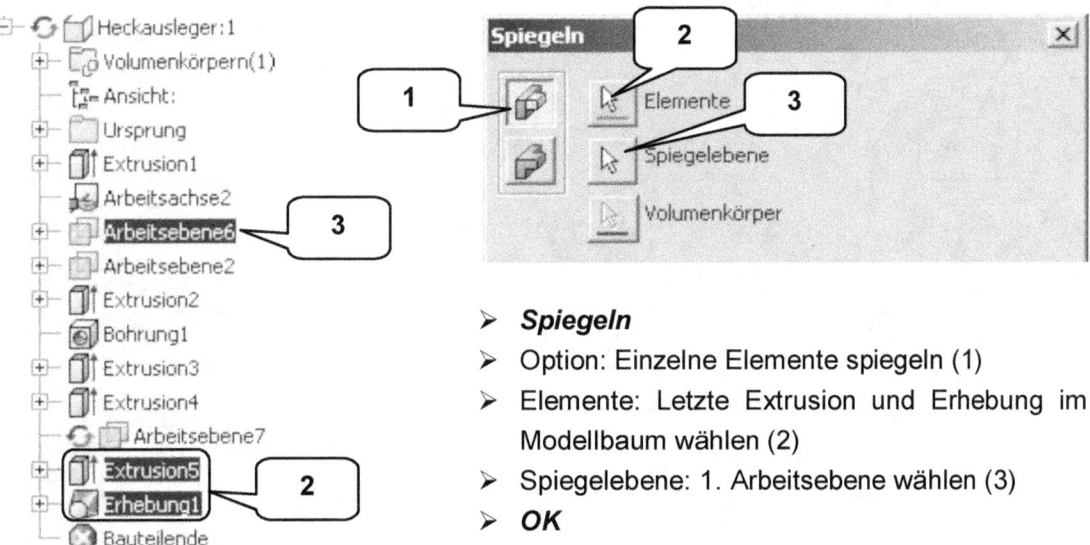

- **Spiegeln**
- Option: Einzelne Elemente spiegeln (1)
- Elemente: Letzte Extrusion und Erhebung im Modellbaum wählen (2)
- Spiegelebene: 1. Arbeitsebene wählen (3)
- OK

13.18 Runden einiger Kanten

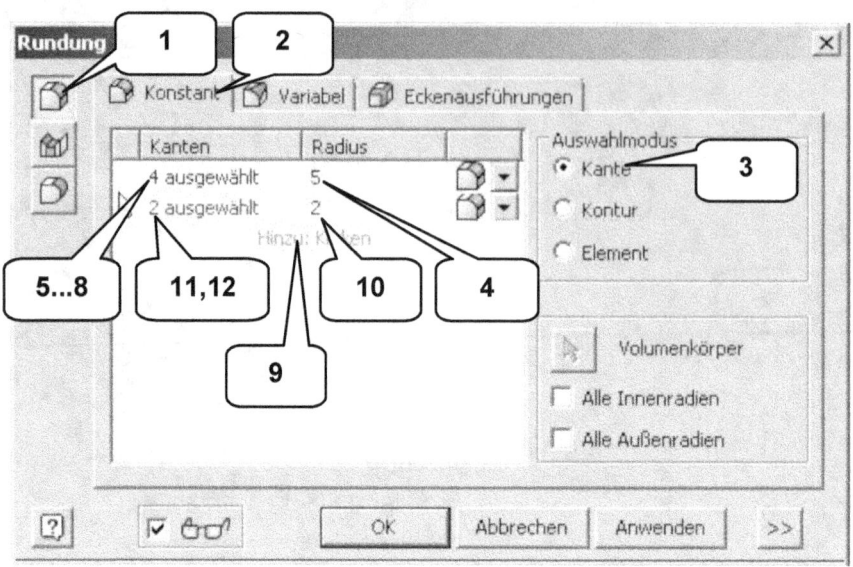

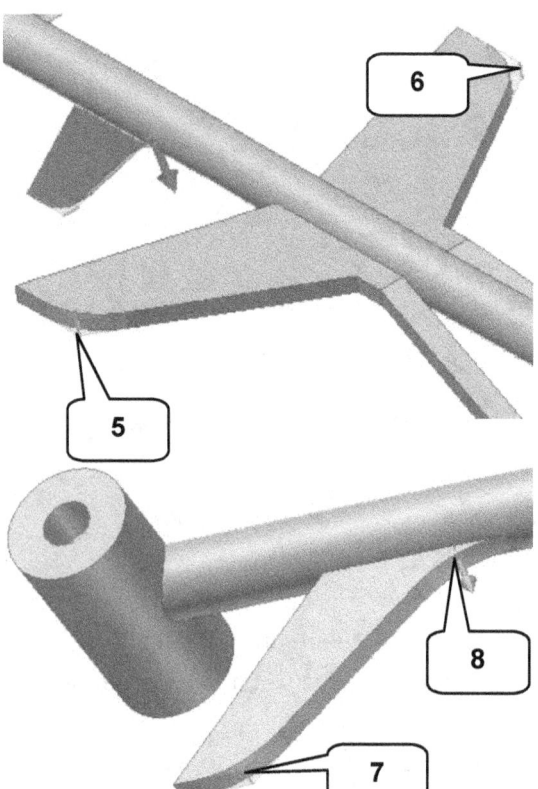

- **Rundung**
- Option: Kantenabrundung (1)
- Reiter: Konstant (2)
- Auswahlmodus: Kante (3)
- Radius: 5 mm (4)
- Kanten: Kanten (5...8) wählen
- **HINZU: KLICKEN** (9)
- Radius: 2 mm (10)
- Kanten: Kanten (11,12) wählen
- **OK**

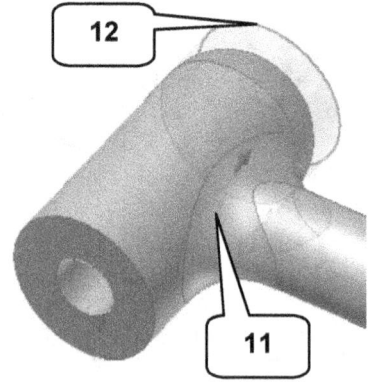

Baugruppe: Hubschrauber

13.19 Arbeitselemente ausblenden und zur Baugruppe zurückkehren

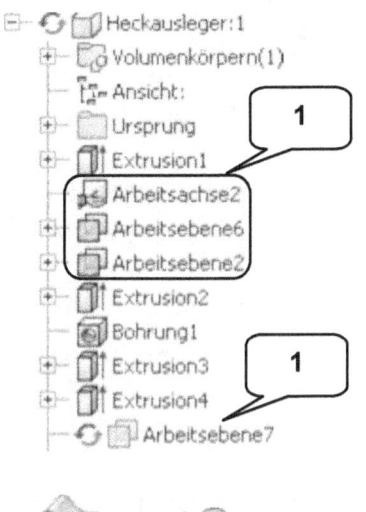

Mit dem letzten Befehl wurde das Bauteil **Heckausleger** fertiggestellt. Bevor in die Hauptbaugruppe zurückgekehrt werden kann, sollten alle noch sichtbaren, zusätzlich erzeugten Arbeitselemente (Achse, Ebenen) ausgeblendet werden. Anschließend kann mit dem Befehl **Zurück** (1) in die Hauptbaugruppe zurückgekehrt werden.

Nacheinander bei gedrückter **STRG-Taste** mit der linken Maustaste die Arbeitsachse und die drei Arbeitsebenen im Modellbaum markieren (1).

> **Rechte Maustaste**
> Deaktivieren: Sichtbarkeit

> **Zurück** (2)
> **Speichern**

Der Befehl **Zurück** (2) wechselt von der Bearbeitung eines Bauteils in die darüberliegende Baugruppe zurück. Der Befehl sollte nicht mit dem Befehl **Rückgängig** aus der Schnellstartleiste verwechselt werden, welcher den letzten Arbeitsschritt rückgängig macht.

13.20 Bauteil: Heckrotor mit Abhängigkeiten versehen

Das Bauteil **Heckrotor** soll jetzt im hinteren Bereich des Heckauslegers platziert werden.

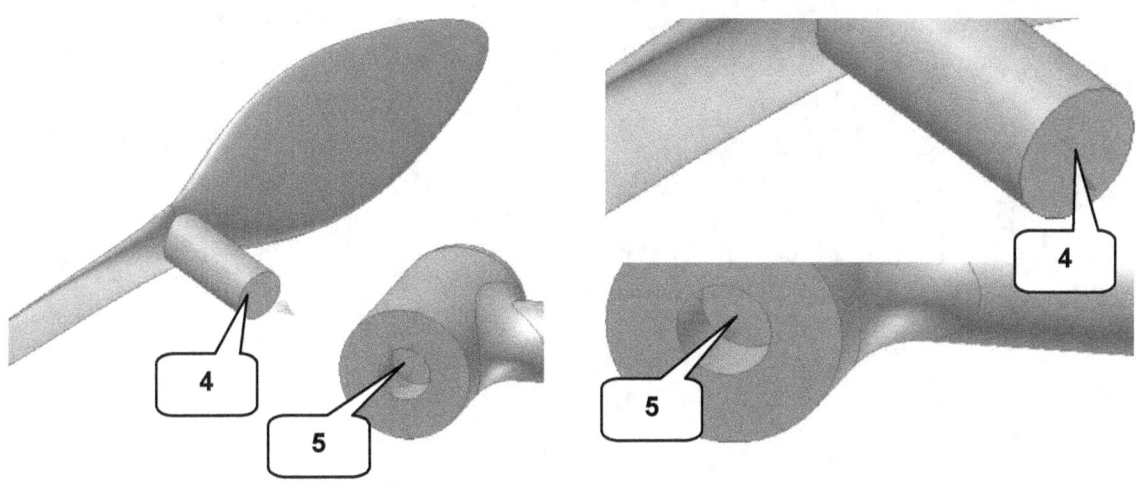

Baugruppe: Hubschrauber

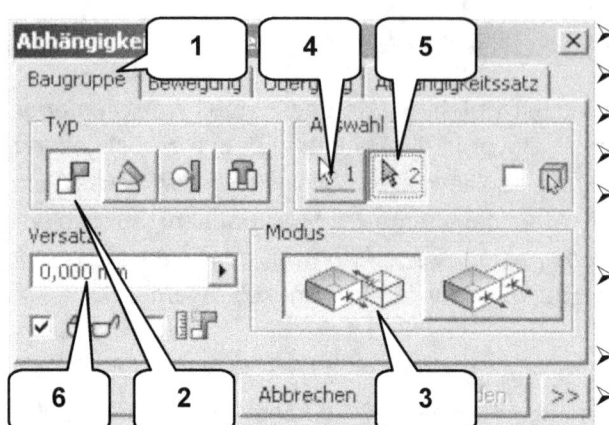

- **Abhängig machen**
- Reiter: Baugruppe (1)
- Typ: Passend (2)
- Modus: Passend (3)
- Auswahl 1: Markierte Fläche (Heckrotor) (4)
- Auswahl 2: Markierte Fläche (Heckausleger) (5)
- Versatz: 0 mm (6)
- **OK**

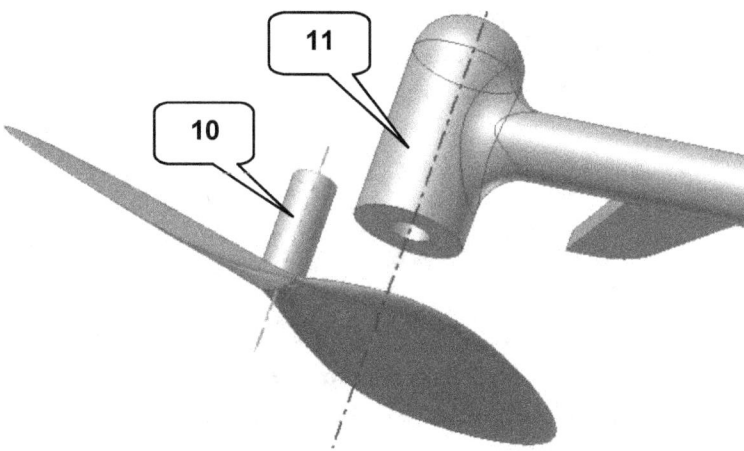

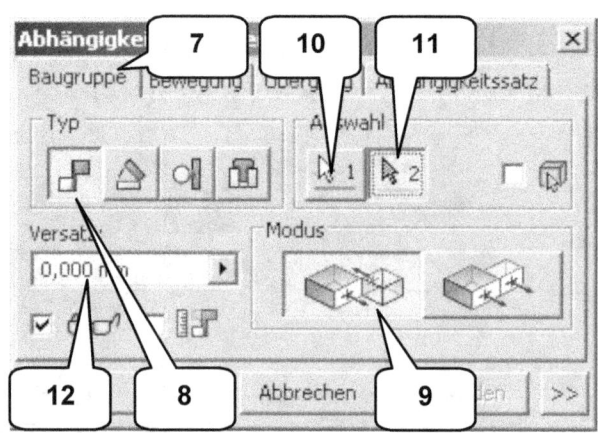

- **Abhängig machen**
- Reiter: Baugruppe (7)
- Typ: Passend (8)
- Modus: Passend (9)
- Auswahl 1: Markierte Zylinderfläche (Heckrotor) (10)
- Auswahl 2: Markierte Zylinderfläche (Heckausleger) (11)
- Versatz: 0 mm (12)
- **OK**

13.21 Download des Bauteils: Kabine

Als letztes Bauteil soll die Kabine in die Baugruppe eingefügt werden. Die Kabine wurde bereits konstruiert und kann als fertige Datei von der folgenden Webseite geladen werden:

> http://www.cad-trainings.de/html/Download.html

Hier ist das **Tutorial Hubschrauber 2012** zu suchen und auf den rechts daneben befindlichen Link zu klicken. Die Datei **Kabine.ipt** muss dann im Projektordner gespeichert werden.

13.22 Platzieren und Positionieren des Bauteils: Kabine

Das zuvor von der Website geladene Bauteil soll jetzt in der Baugruppe *platziert* und dort *abhängig gemacht* werden.

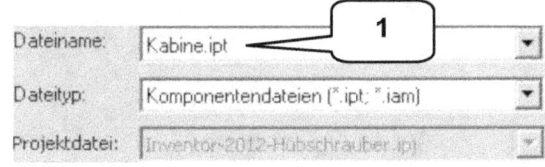

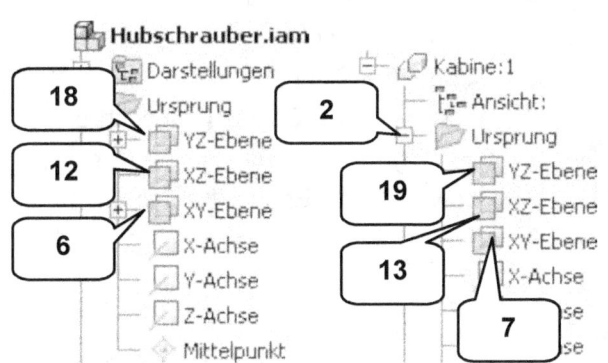

> **Komponente platzieren**
> Dateiname: **Kabine.ipt** wählen (1)
> **ÖFFNEN**

> Bauteil einmal im Zeichenbereich ablegen
> **Taste: ESC**

> Ordner Ursprung des Bauteils Kabine aufklappen (2)

Baugruppe: Hubschrauber

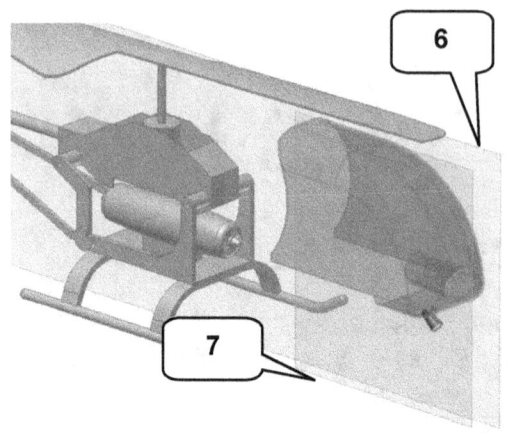
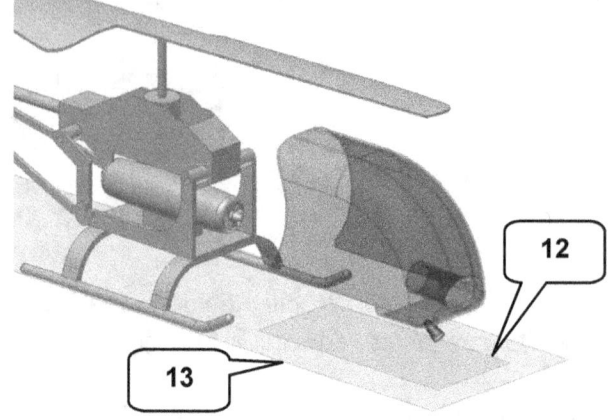

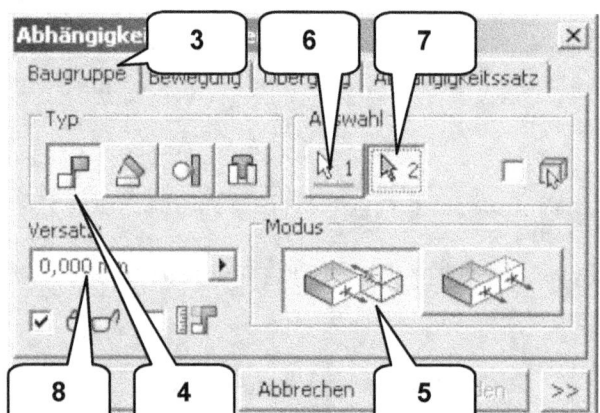

- **Abhängig machen**
- Reiter: Baugruppe (3)
- Typ: Passend (4)
- Modus: Passend (5)
- Auswahl 1: XY-Ebene (Hubschrauber) (6)
- Auswahl 2: XY-Ebene (Kabine) (7)
- Versatz: 0 mm (8)
- **OK**

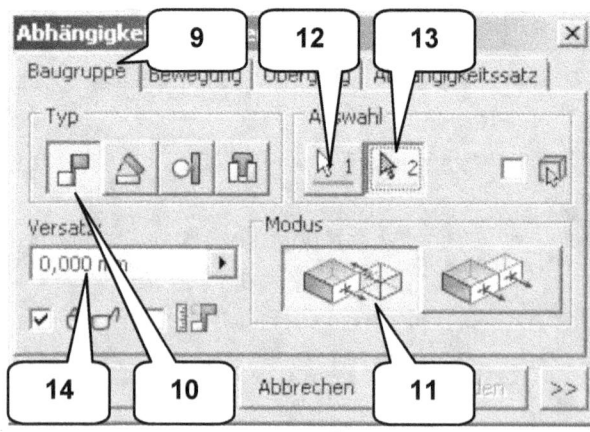

- **Abhängig machen**
- Reiter: Baugruppe (9)
- Typ: Passend (10)
- Modus: Passend (11)
- Auswahl 1: XZ-Ebene (Hubschrauber) (12)
- Auswahl 2: XZ-Ebene (Kabine) (13)
- Versatz: 0 mm (14)
- **OK**

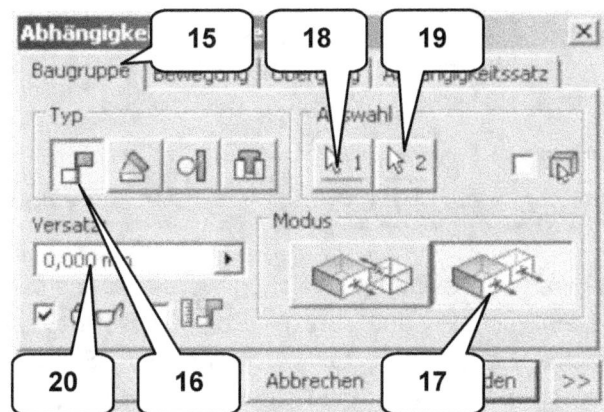

- **Abhängig machen**
- Reiter: Baugruppe (15)
- Typ: Passend (16)
- Modus: Fluchtend (17)
- Auswahl 1: YZ-Ebene (Hubschrauber) (18)
- Auswahl 2: YZ-Ebene (Kabine) (19)
- Versatz: 0 mm (20)
- **OK**

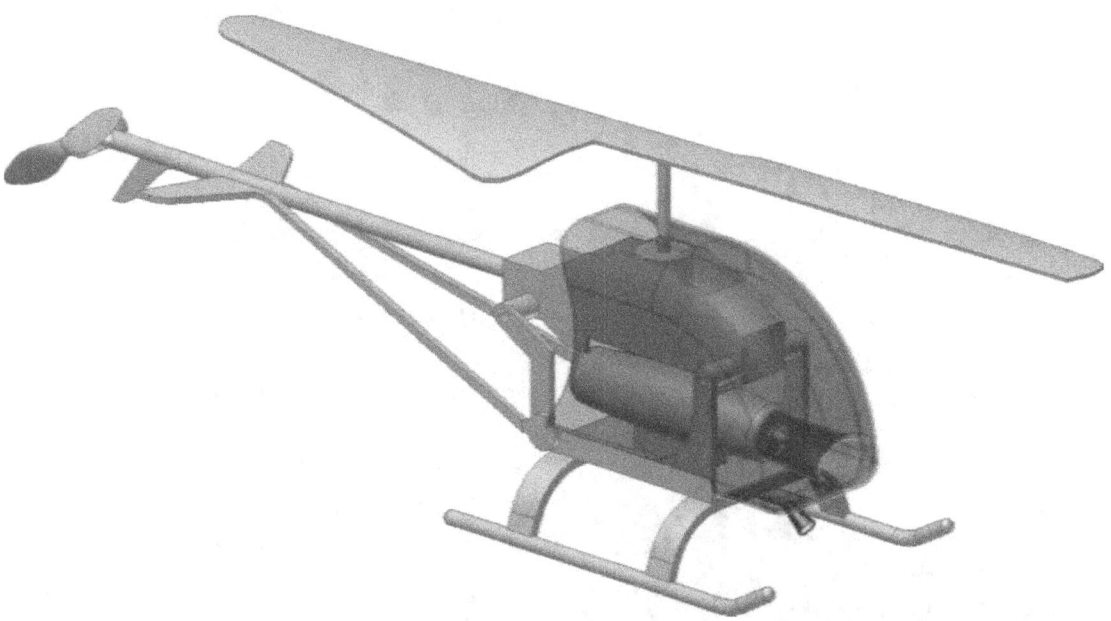

Die Kabine sollte jetzt wie im oberen Bild dargestellt positioniert worden sein. Alle Bauteile der Baugruppe sind jetzt vollständig. Im folgenden Kapitel werden diese durch Schraubverbindung miteinander verbunden.

14 Einfügen der Schraubverbindungen

14.1 Schraubverbindung zwischen Kabine und Rumpf

Vor dem nächsten Schritt sollte die Baugruppe noch einmal gespeichert werden. Anschließend ist in das Register **Konstruktion** (1) zu wechseln und dort der Befehl **Schraubverbindung** (2) zu starten. Dieser Befehl kombiniert das Importieren von Normteilen (Schrauben, Scheiben, Muttern) aus dem Inhaltscenter in eine Baugruppe mit der zusätzlichen Bearbeitung der betroffenen Bauteile durch automatisches Setzen von Durchgangs- und Gewindebohrungen.

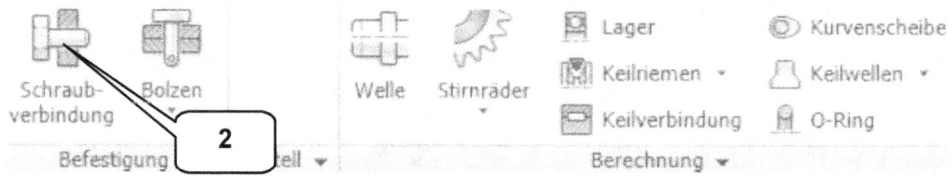

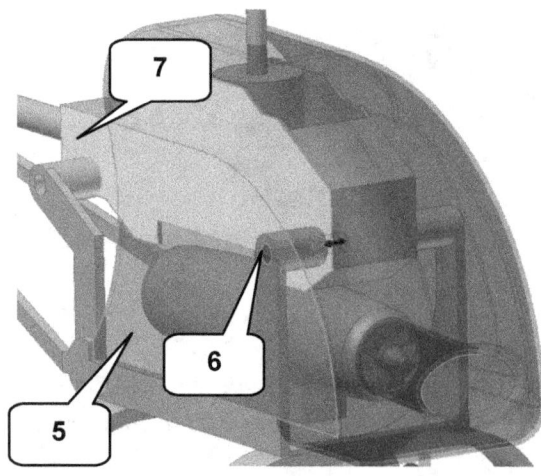

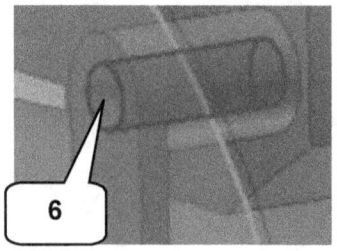

> **Speichern**

> Register: **Konstruktion** (1)

> **Schraubverbindung** (2)
> Typ: Nicht durchgehend (3)
> Platzierung: Konzentrisch (4)
> Startebene: Markierte Seitenfläche (Kabine) (5)
> Runde Referenz: Markierte Bohrung (Rumpf-Unterteil) (6)
> Sackloch-Startebene: Markierte Seitenfläche (Rumpf-Oberteil) (7)
> Gewinde: ISO Metrisches Profil (8)
> Durchmesser: 2 mm (9)

Der Befehl darf jetzt noch nicht bestätigt werden, da noch eine Schraube hinzugefügt werden muss. !

Einfügen der Schraubverbindungen

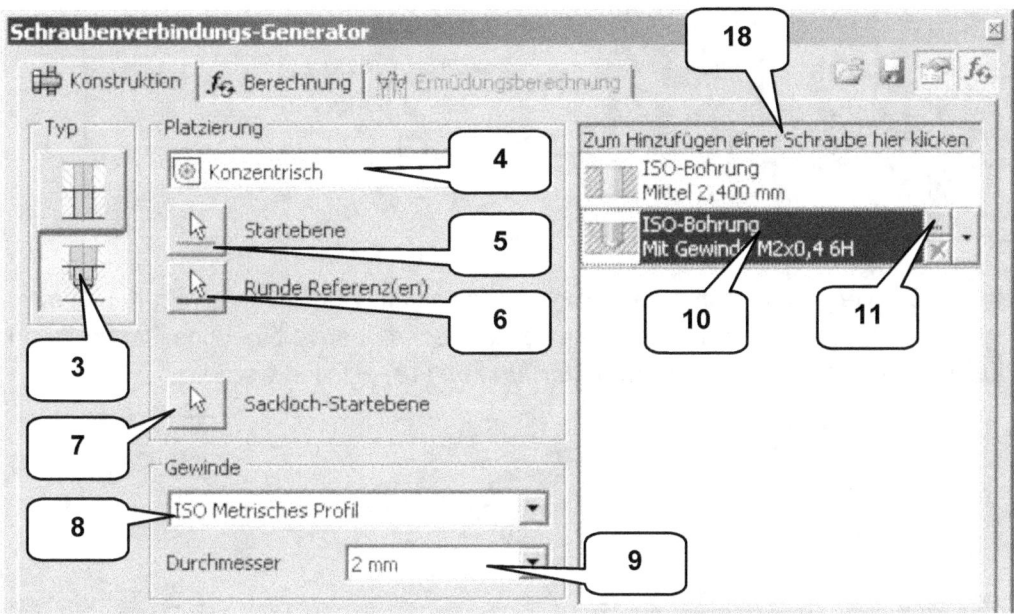

Das Programm hat die fehlenden Bohrungen in den betreffenden Bauteilen bereits berechnet. Die Tiefe der Gewindebohrung im Bauteil Rumpf-Oberteil muss allerdings noch bearbeitet werden. Dies wird im rechten Bereich des Schraubenverbindungs-Generators realisiert. Hier ist einmalig auf die untere **Gewindebohrung** (10) zu klicken, um anschließend die **Bearbeitung** (11) öffnen zu können.

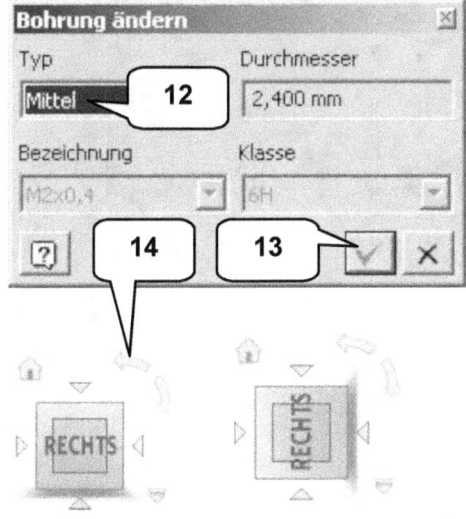

➢ Untere Bohrung wählen (10)
➢ **Bohrung ändern** (11)
➢ Typ: Mittel (12)
➢ **OK** (13)

Jetzt muss die Tiefe der Gewindebohrung geändert werden. Am **ViewCube** sollte die Ansicht **RECHTS** eingestellt und dann um **90°** gegen den Uhrzeigersinn gedreht werden. Durch Doppelklick auf den Doppelpfeil der Gewindebohrung (15) und anschließender Werteingabe (16) kann die Tiefe dann neu festgelegt werden.

➢ **ViewCube-Ansicht: RECHTS**
➢ Auf den Pfeil klicken, um die Ansicht um 90° gegen den Uhrzeigersinn zu drehen (14)

Einfügen der Schraubverbindungen

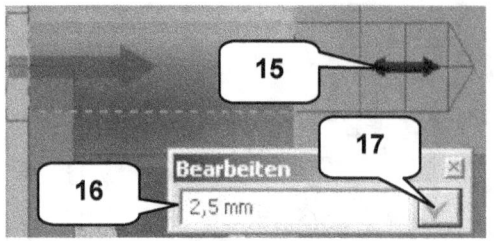

- **Doppelklick** auf **Doppelpfeil** der **Gewindebohrung** (15)
- Tiefe: 2,5 mm (16)
- **OK** (17)

Nachdem Größe, Tiefe und Position der Bohrung festgelegt wurden, kann mit der Auswahl der Schraube begonnen werden. Hierfür muss im Schraubenverbindungs-Generator die Option **Zum Hinzufügen einer Schraube hier klicken** (18) aktiviert werden.

- **Zum Hinzufügen einer Schraube hier klicken** (18)
- Norm: DIN (19)
- Kategorie: Rundkopfschrauben (20)
- **DIN EN ISO 7045 H** wählen (21)

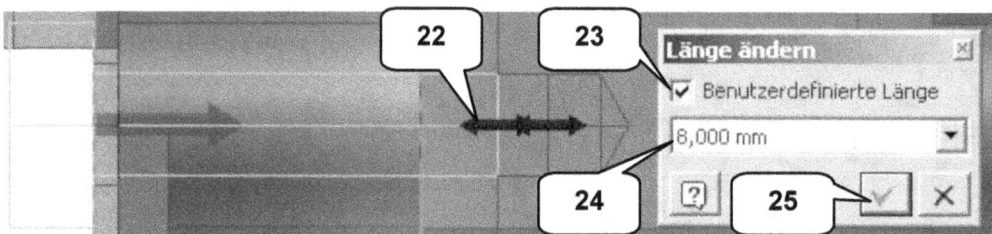

- **Doppelklick** auf **Doppelpfeil** der **Schraube** (22)
- Aktivieren: Benutzerdefinierte Länge (23)
- Länge: 8 mm (24)
- **OK** (25)

- **OK** (Schraubenverbindungs-Generator) (26)

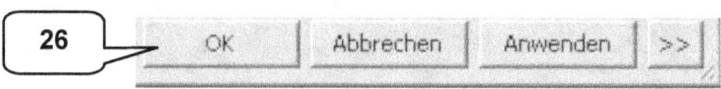

Einfügen der Schraubverbindungen

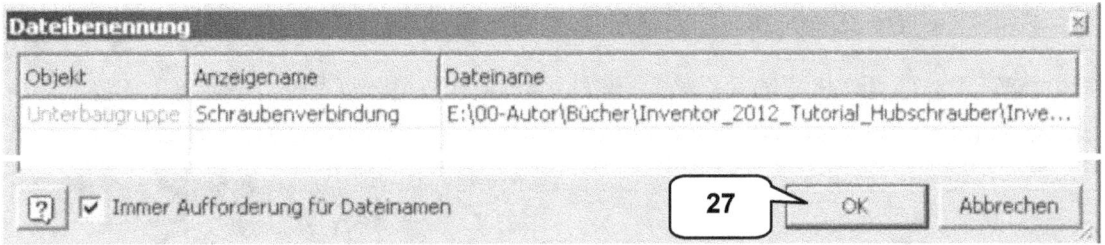

Das Programm öffnet das Befehlsfenster Dateibenennung. Hier können die Bezeichnung der Schraubverbindung (Anzeigename) und der Speicherort (Dateiname) festgelegt werden. Da das Programm automatisch den Projektordner als Speicherort verwendet, kann das Fenster mit **OK** (27) bestätigt werden.

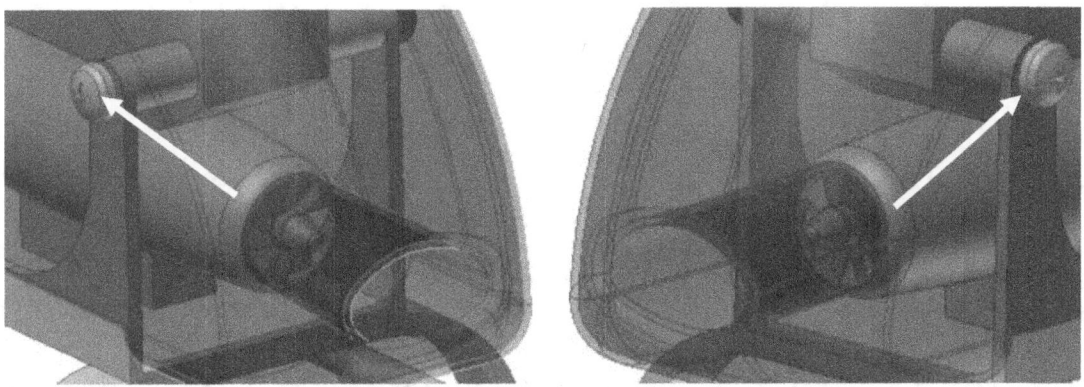

Eine identische **Schraubverbindung** jetzt auch auf der gegenüberliegenden Seite des Hubschraubers einfügen.

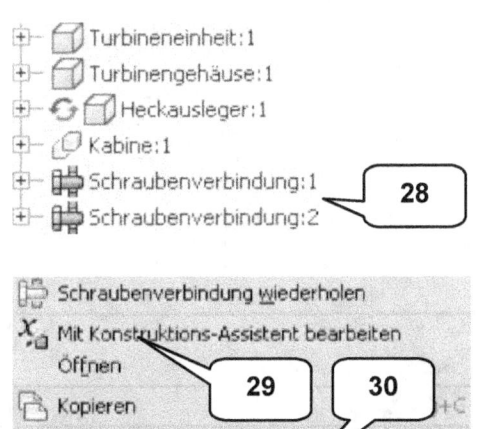

Im Modellbaum wurden zwei Schraubverbindungen erzeugt (28). Um eine Schraubverbindung zu bearbeiten, ist mit der rechten Maustaste darauf zu klicken und die Option **Mit Konstruktions-Assistent bearbeiten** (29) zu wählen.

Um eine Schraubverbindung aus einer Baugruppe zu löschen, ist mit der rechten Maustaste darauf zu klicken und die Option **Konstruktions-Assistent-Komponente löschen** (30) zu wählen.

14.2 Schraubverbindung zwischen Rumpf-Oberteil und -Unterteil

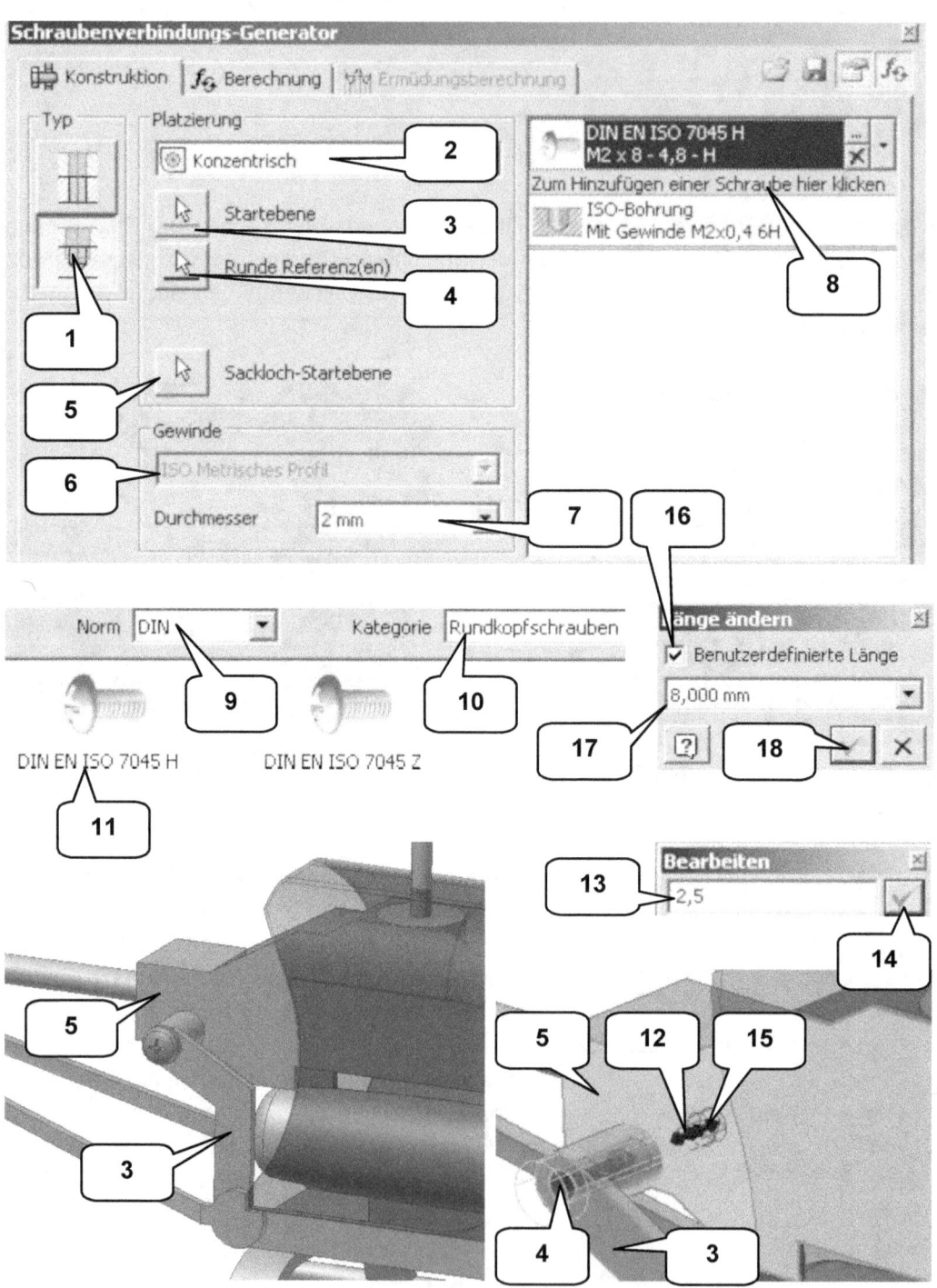

- **Schraubverbindung**
- Typ: Nicht durchgehend (1)
- Platzierung: Konzentrisch (2)
- Startebene: Markierte Seitenfläche (Rumpf-Unterteil) (3)
- Runde Referenz: Markierte Bohrung (Rumpf-Unterteil) (4)
- Sackloch-Startebene: Markierte Seitenfläche (Rumpf-Oberteil) (5)
- Gewinde: ISO Metrisches Profil (6)
- Durchmesser: 2 mm (7)

- **Zum Hinzufügen einer Schraube hier klicken** (8)
- Norm: DIN (9)
- Kategorie: Rundkopfschrauben (10)
- **DIN EN ISO 7045 H** wählen (11)

- **Doppelklick** auf **Doppelpfeil** der **Gewindebohrung** (12)
- Tiefe: 2,5 mm (13)
- **OK** (14)

- **Doppelklick** auf **Doppelpfeil** der **Schraube** (15)
- Aktivieren: Benutzerdefinierte Länge (16)
- Länge: 8 mm (17)
- **OK** (18)

- **OK** (Schraubenverbindungs-Generator)
- **OK** (Dateibenennung)

Eine identische **Schraubverbindung** jetzt auch auf der gegenüberliegenden Seite des Hubschraubers einfügen.

14.3 Schraubverbindung zw. Rumpf-Unterteil und Heckausleger

Die **Schraubverbindung** zwischen den Bauteilen **Rumpf-Unterteil** und **Heckausleger** wird etwas anders gestaltet. Beide Bauteile werden mit einer Durchgangsbohrung versehen und durch eine Schraubverbindung bestehend aus Schraube, Scheibe und Mutter miteinander verbunden. Bohrungstiefe und Schraubenlänge bestimmt das Programm hier selbst.

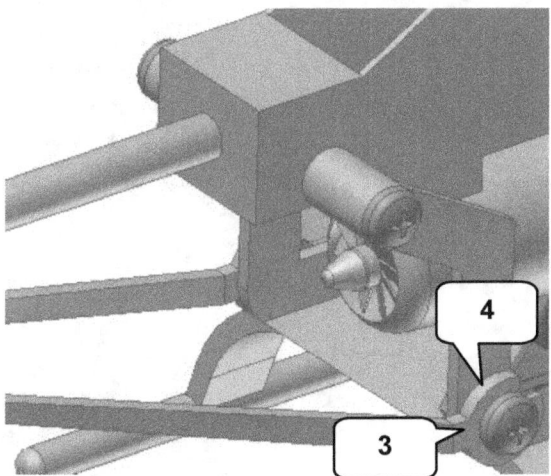
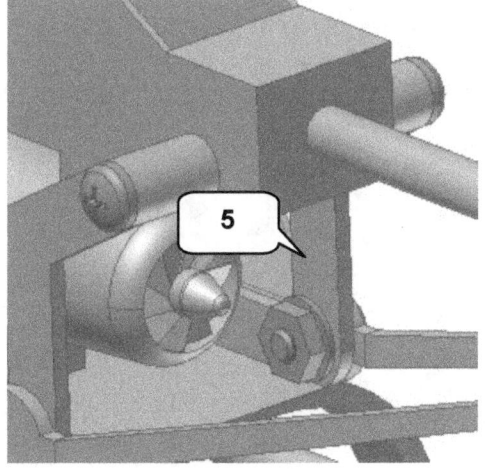

Einfügen der Schraubverbindungen

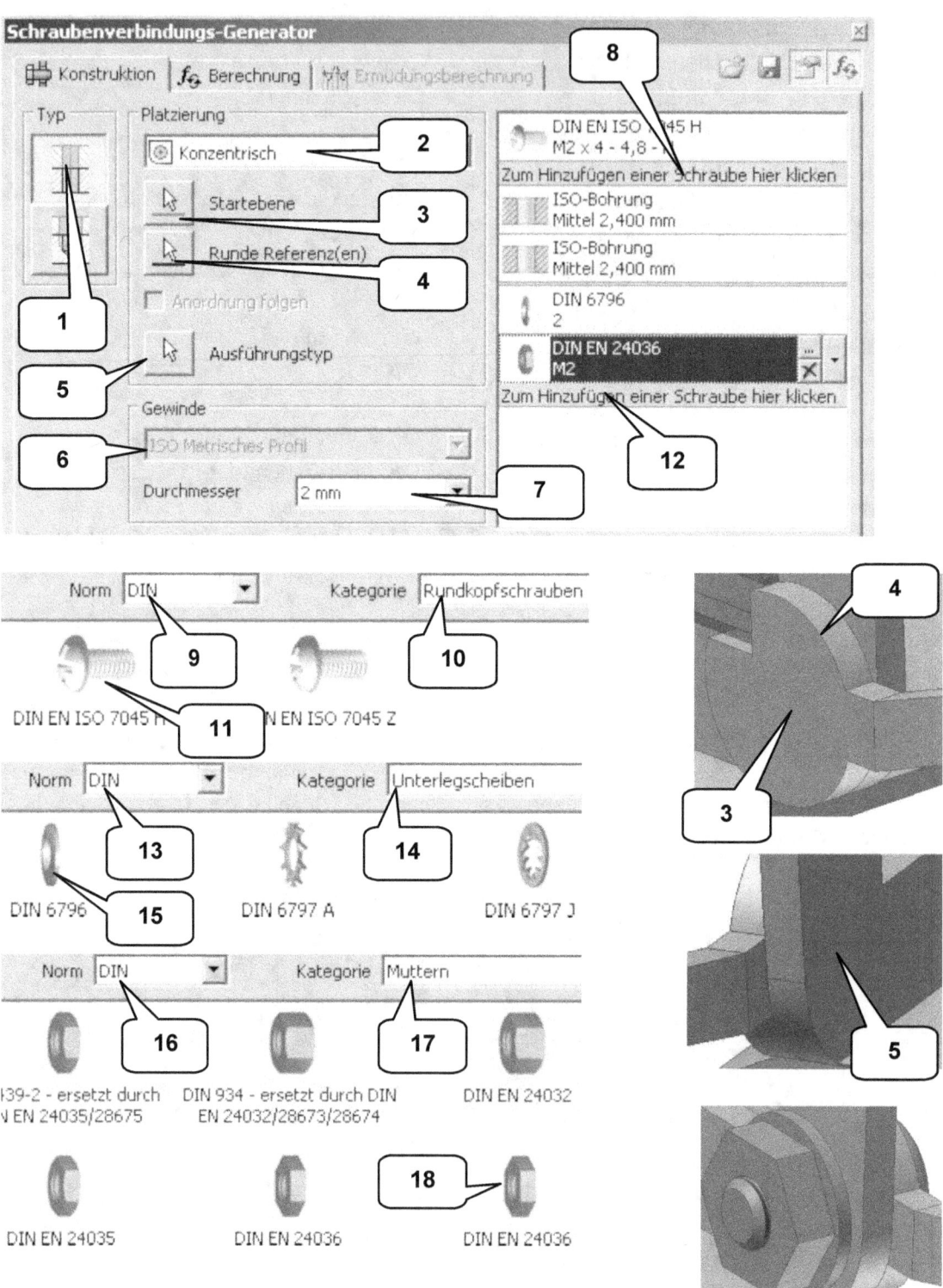

Einfügen der Schraubverbindungen

- ➤ **Schraubverbindung**
- ➤ Typ: Durchgehend (1)
- ➤ Platzierung: Konzentrisch (2)
- ➤ Startebene: Markierte Seitenfläche (Heckausleger) (3)
- ➤ Runde Referenz: Markierte Kante (Heckausleger) (4)
- ➤ Ausführungstyp: Markierte Innenfläche (Rumpf-Unterteil) (5)
- ➤ Gewinde: ISO Metrisches Profil (6)
- ➤ Durchmesser: 2 mm (7)

- ➤ *Zum Hinzufügen einer Schraube hier klicken* (8)
- ➤ Norm: DIN (9)
- ➤ Kategorie: Rundkopfschrauben (10)
- ➤ **DIN EN ISO 7045 H** wählen (11)

- ➤ *Zum Hinzufügen einer Schraube hier klicken* (12) (*im Befehlsfenster unten!*)
- ➤ Norm: DIN (13)
- ➤ Kategorie: Unterlegscheiben (14)
- ➤ **DIN 6796** wählen (15)

- ➤ *Zum Hinzufügen einer Schraube hier klicken* (12) (*im Befehlsfenster unten!*)
- ➤ Norm: DIN (16)
- ➤ Kategorie: Muttern (17)
- ➤ **DIN EN 24036** wählen (18)

- ➤ **OK** (Schraubenverbindungs-Generator)
- ➤ **OK** (Dateibenennung)

Eine identische **Schraubverbindung** jetzt auch auf der gegenüberliegenden Seite des Hubschraubers einfügen.

14.4 Schraubverbindung zwischen Landegestell und Rumpf

Die Bauteile **Landegestell** und **Rumpf-Unterteil** werden ebenfalls durch eine **Schraubverbindung**, bestehend aus Schraube, Scheibe und Mutter, miteinander verbunden. Die Platzierung muss hier allerdings linear erfolgen. Als lineare Referenzen sind zwei Körperkanten der Bauteile zu verwenden.

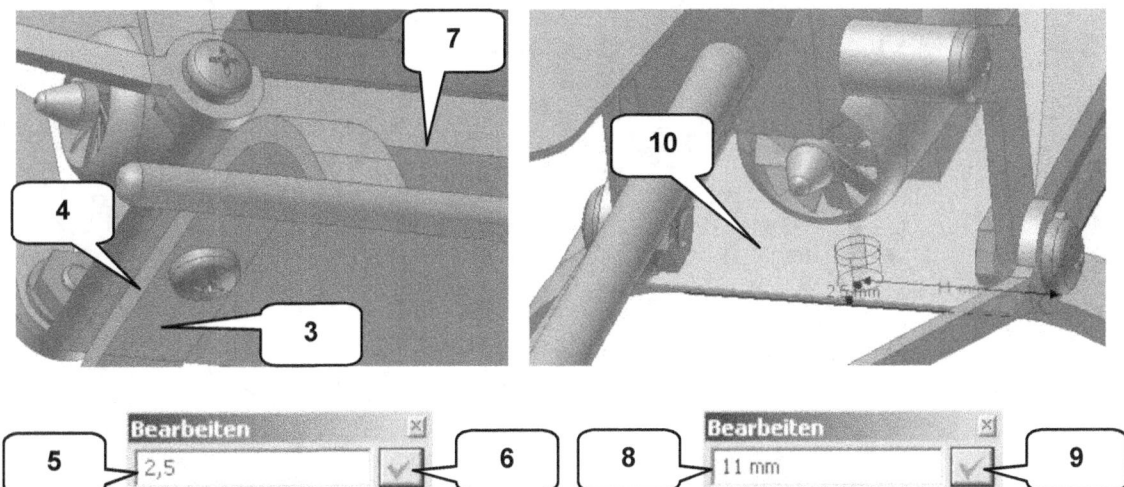

Einfügen der Schraubverbindungen

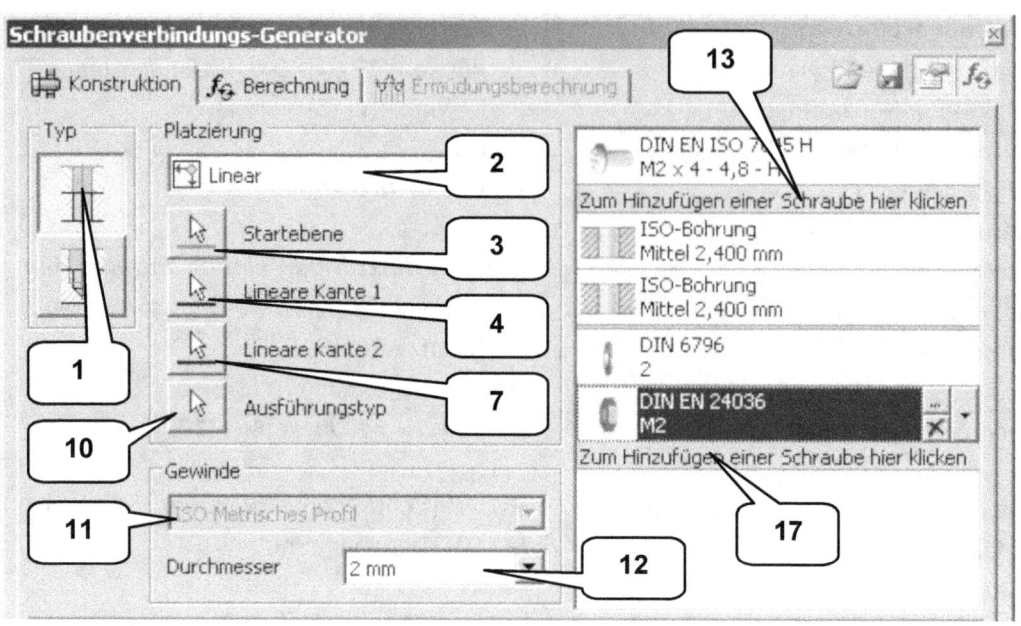
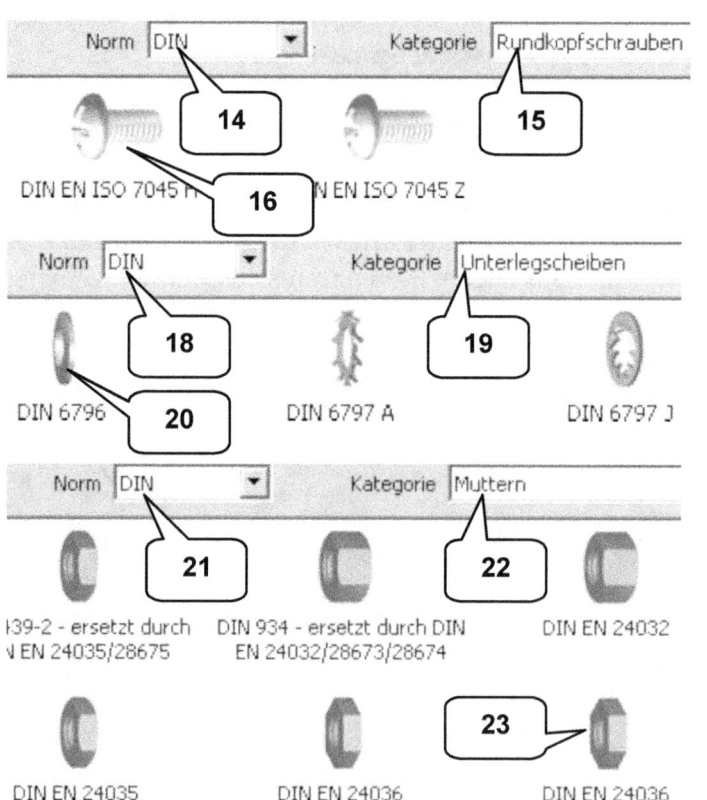

Einfügen der Schraubverbindungen

- ➤ **Schraubverbindung**
- ➤ Typ: Durchgehend (1)
- ➤ Platzierung: Linear (2)
- ➤ Startebene: Untere Fläche (Landegestell) (3)
- ➤ Lineare Kante 1: Markierte Kante (Landegestell) wählen (4)
- ➤ Abstand: 2,5 mm (5)
- ➤ **OK** (6)
- ➤ Lineare Kante 2: Markierte Kante (Rumpf-Oberteil) wählen (7)
- ➤ Abstand: 11 mm (8)
- ➤ **OK** (9)
- ➤ Ausführungstyp: Markierte Fläche (Rumpf-Oberteil) wählen (10)
- ➤ Gewinde: ISO Metrisches Profil (11)
- ➤ Durchmesser: 2 mm (12)

- ➤ **Zum Hinzufügen einer Schraube hier klicken** (13)
- ➤ Norm: DIN (14)
- ➤ Kategorie: Rundkopfschrauben (15)
- ➤ **DIN EN ISO 7045 H** wählen (16)

- ➤ **Zum Hinzufügen einer Schraube hier klicken** (17) (*im Befehlsfenster unten!*)
- ➤ Norm: DIN (18)
- ➤ Kategorie: Unterlegscheiben (19)
- ➤ **DIN 6796** wählen (20)

- ➤ **Zum Hinzufügen einer Schraube hier klicken** (17) (*im Befehlsfenster unten!*)
- ➤ Norm: DIN (21)
- ➤ Kategorie: Muttern (22)
- ➤ **DIN EN 24036** wählen (23)

- ➤ **OK** (Schraubenverbindungs-Generator)
- ➤ **OK** (Dateibenennung)

Eine identische **Schraubverbindung** jetzt auch auf der vorderen Seite des Landegestells erzeugen.

14.5 Schraubverbindung zw. Rumpf-Unterteil und Turbinengehäuse

Die letzte **Schraubverbindung** soll zwischen den Bauteilen **Rumpf-Unterteil** und **Turbinengehäuse** erzeugt werden. Die Platzierung erfolgt linear.

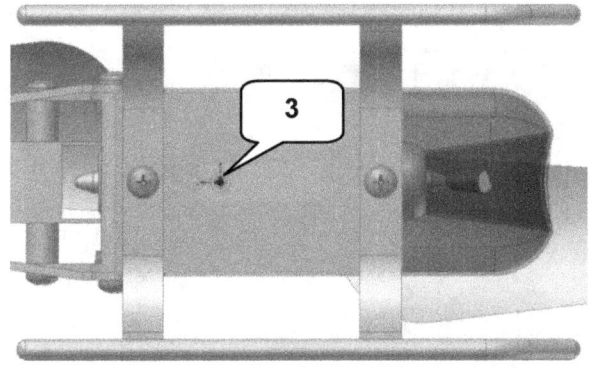
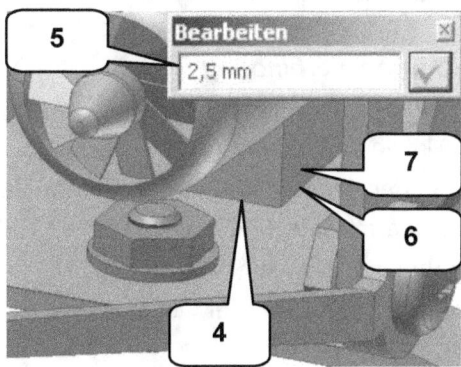

Einfügen der Schraubverbindungen

*Bei der Auswahl der Position für die **Startebene** ist darauf zu achten, dass möglichst mittig auf die untere Fläche des Bauteils Rumpf-Unterteil geklickt wird, da es später sonst Probleme bei der Justierung der Bohrung geben könnte.*

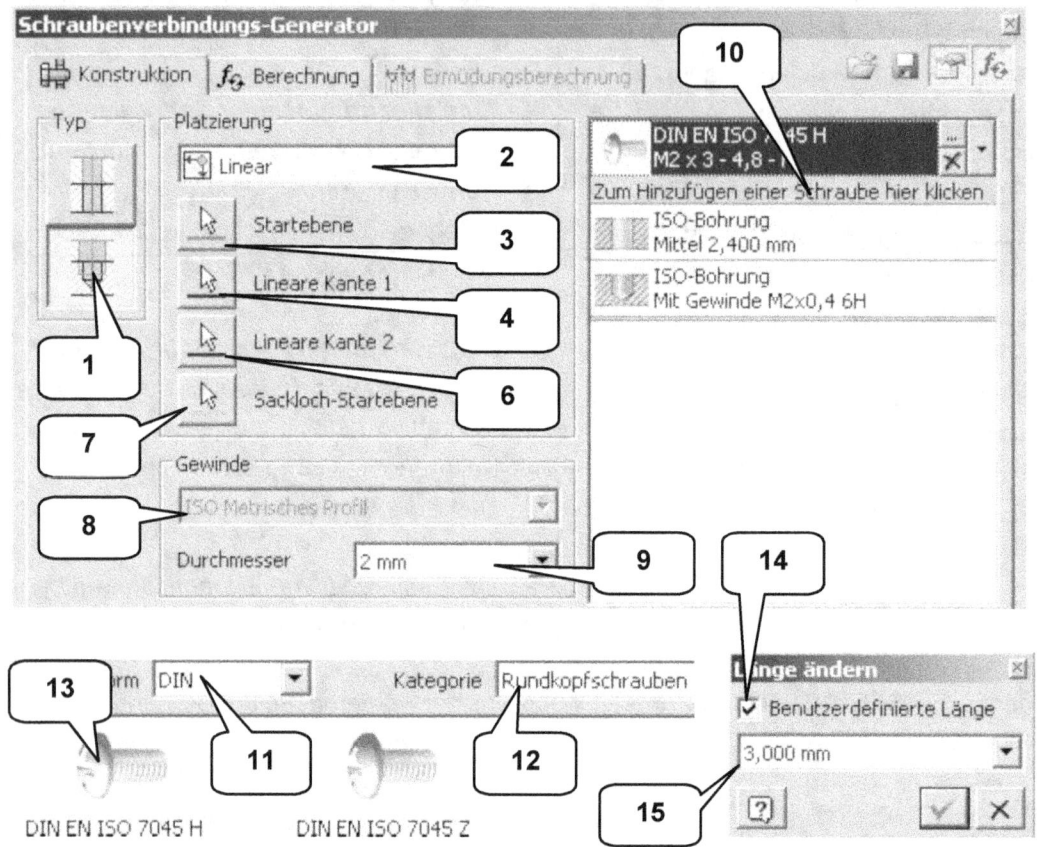

Als Auswahl für die **Sackloch-Startebene** muss die untere Fläche des Bauteils Turbinengehäuse gewählt werden. Diese Fläche ist zwar durch das Bauteil Rumpf-Unterteil verdeckt, kann allerdings trotzdem beim Überfahren mit der Maus ausgewählt werden.

- **Schraubverbindung**
- Typ: Nicht durchgehend (1)
- Platzierung: Linear (2)
- Startebene: Untere Fläche (Rumpf-Unterteil) (3)
- Lineare Kante 1: Markierte Kante (Turbinengehäuse) wählen (4)
- Abstand: 2,5 mm (5)
- **Taste: ENTER** (oder OK)

- Lineare Kante 2: Markierte Kante (Turbinengehäuse) wählen (6)
- Abstand: 2,5 mm (5)
- *Taste: ENTER* (oder OK)
- Sackloch-Startebene: Untere Fläche (Turbinengehäuse) wählen (7)
- Gewinde: ISO Metrisches Profil (8)
- Durchmesser: 2 mm (9)

- *Zum Hinzufügen einer Schraube hier klicken* (10)
- Norm: DIN (11)
- Kategorie: Rundkopfschrauben (12)
- *DIN EN ISO 7045 H* wählen (13)

- *Doppelklick* auf *Doppelpfeil* der *Schraube*
- Aktivieren: Benutzerdefinierte Länge (14)
- Länge: 3 mm (15)
- *Taste: ENTER* (oder OK)

- *Doppelklick* auf *Doppelpfeil* der *Gewindebohrung*
- Tiefe: 3 mm (16)
- *Taste: ENTER* (oder OK)

- *OK* (Schraubenverbindungs-Generator)
- *OK* (Dateibenennung)

Eine identische **Schraubverbindung** jetzt auch auf der vorderen Seite des Turbinengehäuses erzeugen.

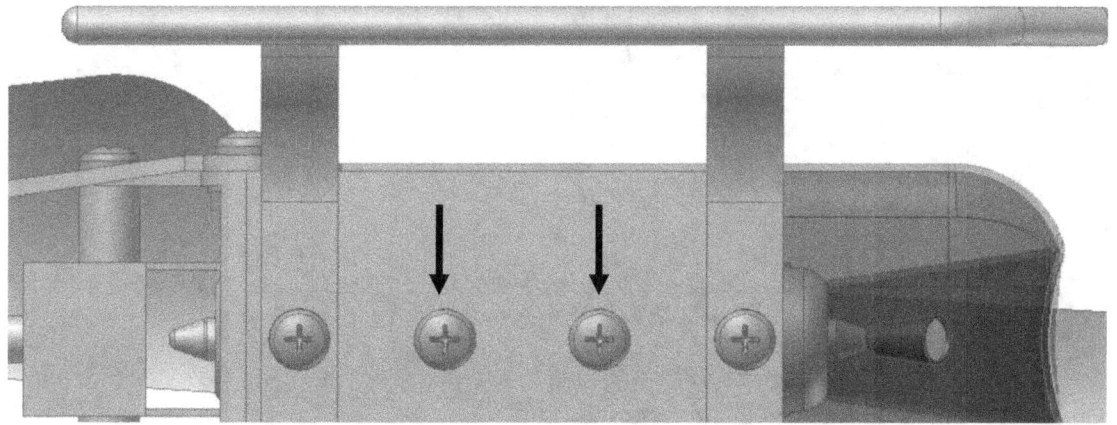

15 Farbzuweisung und Rendering

15.1 Bauteile mit Farben versehen

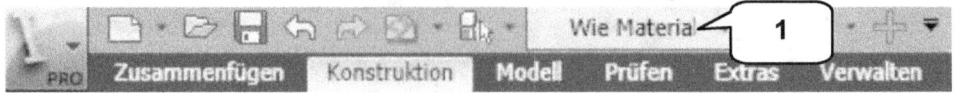

Vor dem Rendern der Baugruppe soll den einzelnen Bauteilen jeweils eine *Farbe* zugewiesen werden. Die folgende Farbauswahl ist nur ein Beispiel und kann beliebig geändert werden.

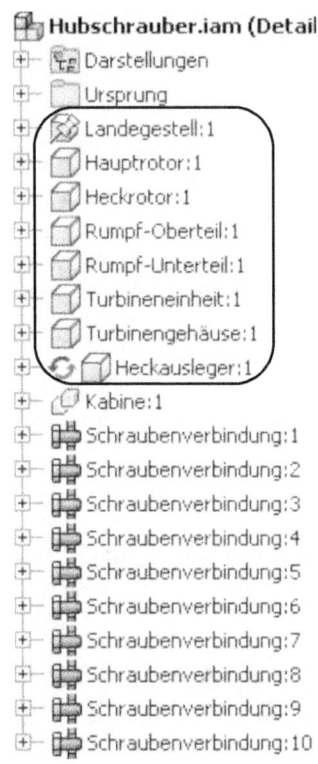

> Bei gedrückter **STRG-Taste** mit der linken Maustaste nacheinander die folgenden Bauteile markieren:

> Hauptrotor, Heckrotor, Turbineneinheit

> *Farbüberschreibung* (1)
> Farbe: Rot wählen
> **Taste: ESC**

> Bei gedrückter **STRG-Taste** mit der linken Maustaste nacheinander die folgenden Bauteile markieren:

> Landegestell, Rumpf-Oberteil, Rumpf-Unterteil, Turbinengehäuse, Heckausleger

> *Farbüberschreibung* (1)
> Farbe: Schwarzchrom wählen
> **Taste: ESC**

15.2 Rendern der Baugruppe

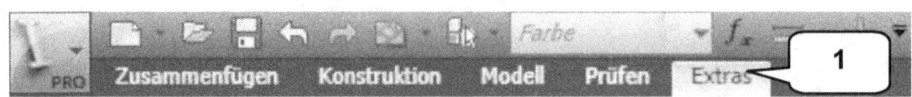

Im nächsten Schritt soll die Baugruppe gerendert werden. Hierfür ist ins Register *Extras* (1) zu wechseln und dort der Befehl *Inventor Studio* (2) zu starten.

Farbzuweisung und Rendering

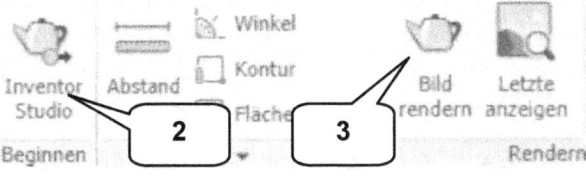

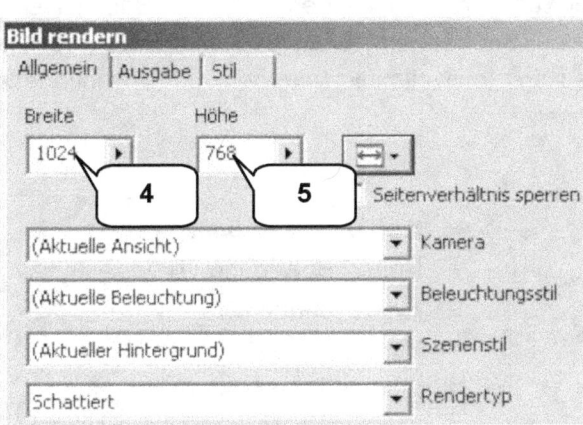

Im Register **Rendern** dann den Befehl **Bild rendern** (3) starten. Der Hubschrauber sollte jetzt solange im Zeichenbereich gedreht und gezoomt werden, bis eine zufriedenstellende Position erreicht ist. Anschließend kann gerendert werden.

> **Bild rendern** (3)
> Breite: 1024 (4)
> Höhe: 768 (5)
> **RENDERN**

> **Speichern** (6) (Renderausgabe)
> Projektordner wählen
> Dateiname: **Renderbild**
> Dateityp: (*.jpg)
> **Speichern**

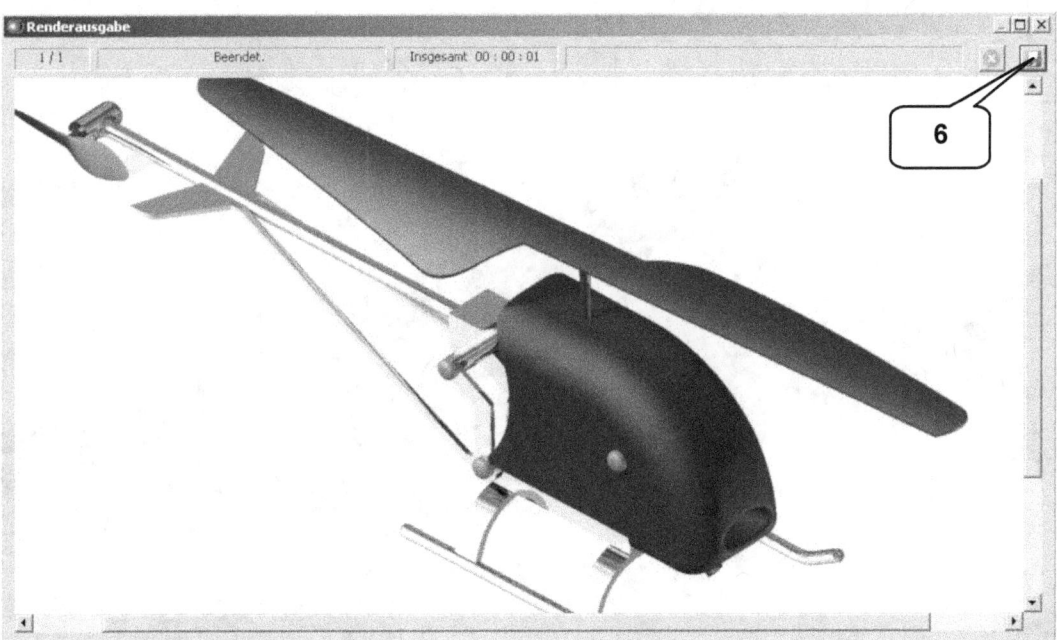

16 Animation der beweglichen Bauteile

16.1 Setzen der Bewegungsabhängigkeiten

Im letzten Kapitel dieses Buches sollen die drei Bauteile **Hauptrotor**, **Heckrotor** und **Turbineneinheit** mit einer **Bewegungsabhängigkeit** versehen werden. Alle drei Bauteile sind noch immer mit einem Freiheitsgrad versehen. Sie können jeweils frei um ihre Rotorachse gedreht werden. Dieser letzte Freiheitsgrad soll jetzt eliminiert werden, um anschließend eine Bewegungsanimation erzeugen zu können.

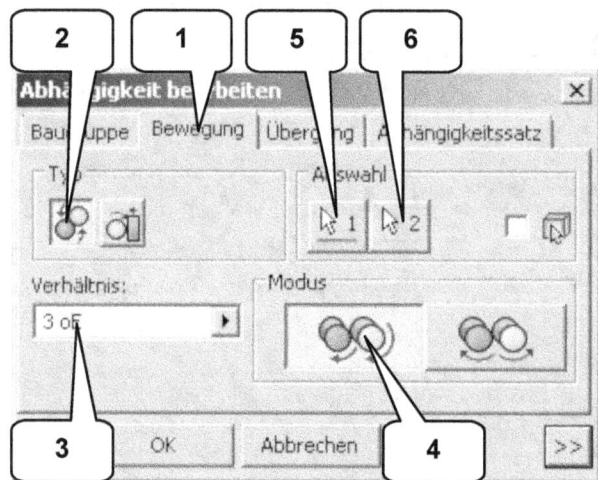

- ➢ **Abhängigkeit platzieren**
- ➢ Reiter: Bewegung (1)
- ➢ Typ: Drehung (2)
- ➢ Verhältnis: 3 (3)
- ➢ Modus: Vorwärts (4)
- ➢ Auswahl 1: Markierte Zylinderfläche (Hauptrotor) (5)
- ➢ Auswahl 2: Markierte Zylinderfläche (Heckrotor) (6)
- ➢ **OK**

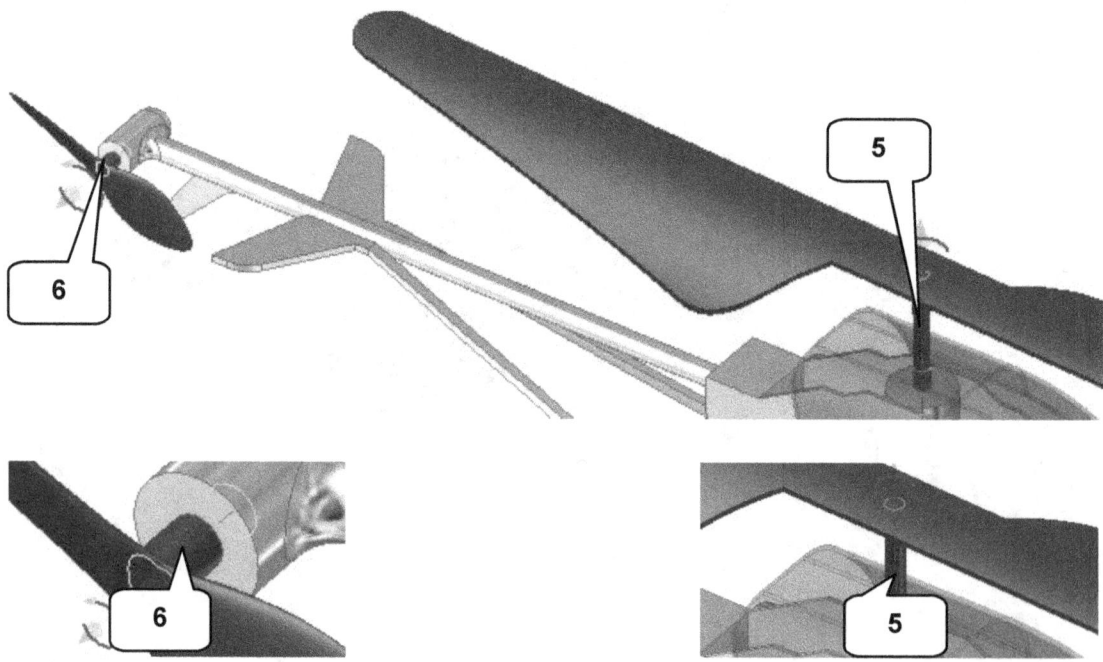

Animation der beweglichen Bauteile

Wenn der Hauptrotor jetzt bei gedrückter linker Maustaste gedreht wird, sollte sich der Heckrotor mit der dreifachen Geschwindigkeit mitdrehen.

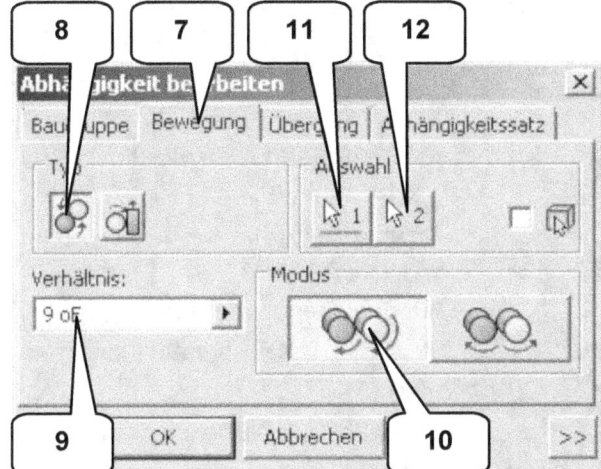

- > **Abhängigkeit platzieren**
- > Reiter: Bewegung (7)
- > Typ: Drehung (8)
- > Verhältnis: 9 (9)
- > Modus: Vorwärts (10)
- > Auswahl 1: Markierte Zylinderfläche (Hauptrotor) (11)
- > Auswahl 2: Markierte konische Fläche (Turbineneinheit) (12)
- > **OK**

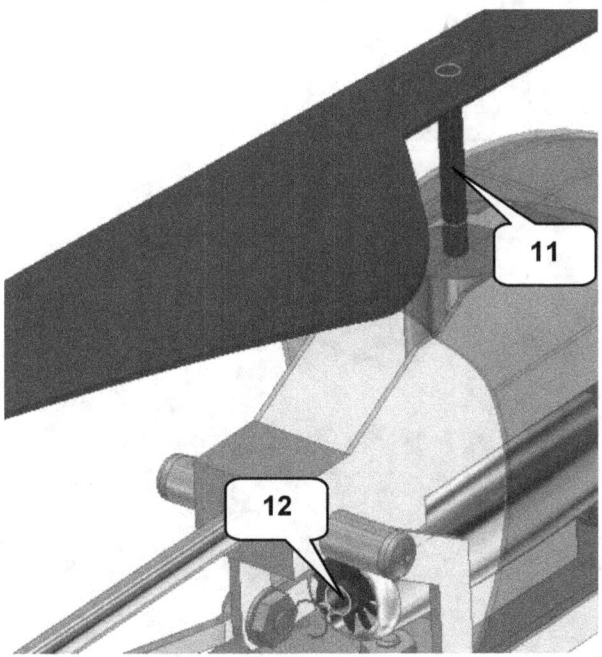

Bei sich drehendem Hauptrotor sollten sich der Heckrotor jetzt mit der dreifachen und die Turbineneinheit mit der neunfachen Geschwindigkeit mitdrehen.

16.2 Setzen einer Winkelabhängigkeit

Im letzten Schritt soll der Hauptrotor mit einer **Winkelabhängigkeit** versehen werden, um diese anschließend zu animierten.

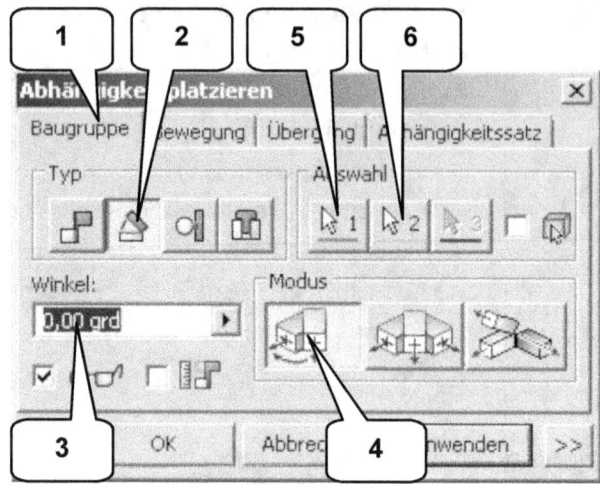

- **Abhängigkeit platzieren**
- Reiter: Baugruppe (1)
- Typ: Winkel (2)
- Winkel: 0 ° (3)
- Modus: Gerichteter Winkel (4)
- Auswahl 1: XY-Ebene (Hubschrauber) (5)
- Auswahl 2: YZ-Ebene (Hauptrotor) (6)
- **OK**

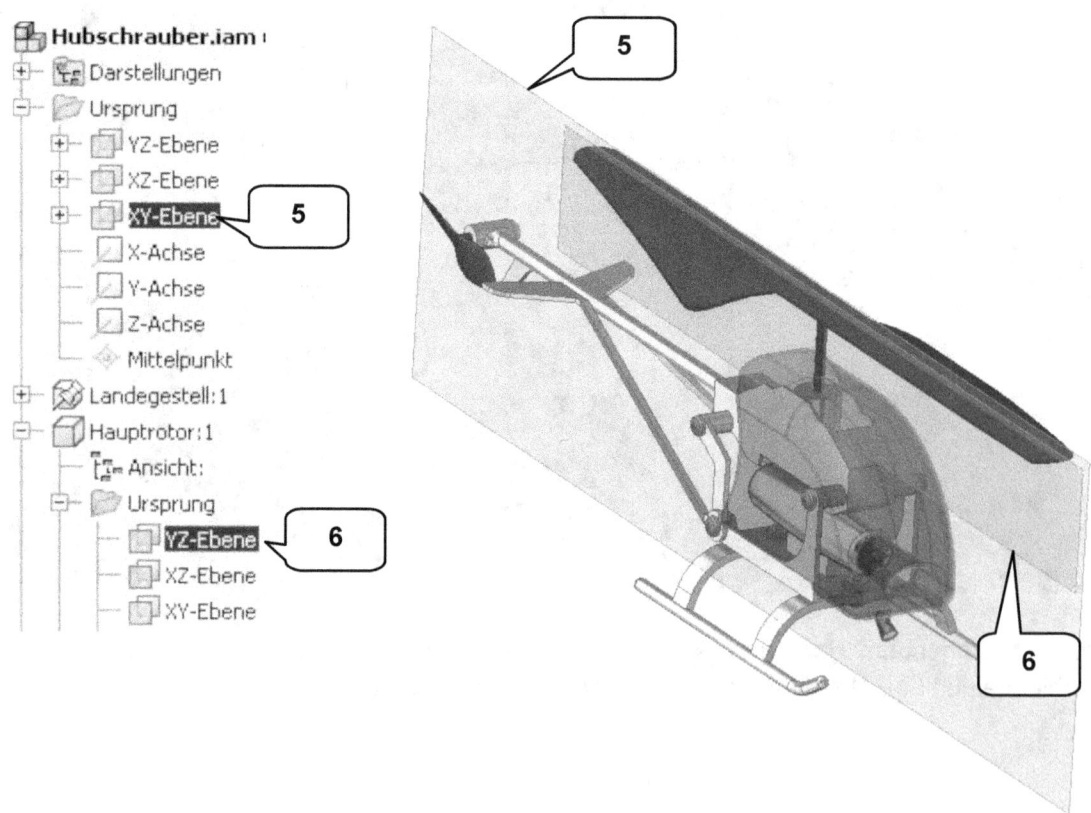

16.3 Animation der Rotationsteile

Jetzt kann die letzte Abhängigkeit animiert werden. Hierfür muss auf die zuletzt erzeugte Winkelabhängigkeit im Modellbaum (Bauteil Hauptrotor) mit der rechten Maustaste geklickt und die Option **Bauteil nach Abhängigkeiten bewegen** gewählt werden.

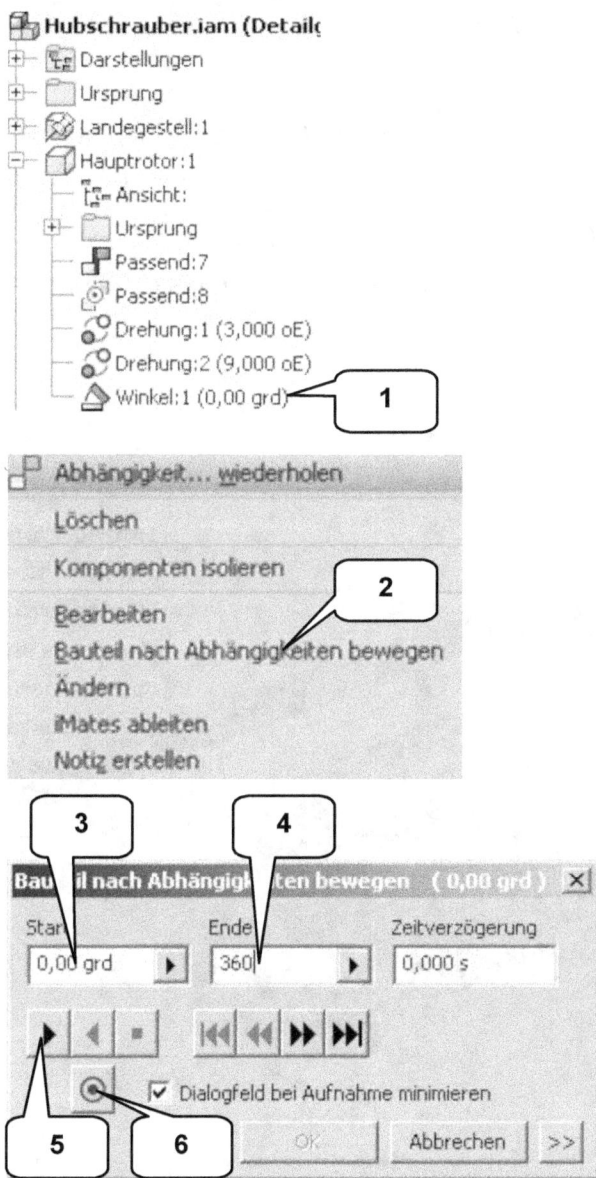

> **Rechte Maustaste** auf **Winkel** (Hauptrotor) (1)
> Option: Bauteil nach Abhängigkeiten bewegen (2)

Im gleichnamigen Befehlsfenster sind dann die folgenden Einstellungen vorzunehmen:

> Start: 0° (3)
> Ende: 360° (4)

Anschließend kann mit der Animation begonnen werden.

> **Vorwärts** (5)

Mit der Taste **Aufnahme** (6) kann die Animation als Video aufgenommen und gespeichert werden. Das Programm wird diese Prozedur schrittweise begleiten.

Die Baugruppe kann jetzt abschließend **gespeichert** und geschlossen werden.

> **Speichern**
> **Baugruppe schließen**

17 Schlusswort

Der Autor des Buches hofft, dass Sie bei der Arbeit mit dem Programm und dem Übungsprojekt viel Spaß hatten.

Der Inhalt des Buches wurde sorgfältig geprüft. Leider können Fehler nicht ausgeschlossen werden.

Wenn Ihnen während der Arbeit mit dem Buch Fehler auffallen sollten, oder wenn Sie Ideen zur Verbesserung des Inhaltes haben, ist Ihnen der Autor für jeden Hinweis per E-Mail dankbar.

Konstruktive Anmerkungen können jederzeit an *schlieder@cad-trainings.de* gesendet werden.

Vielen Dank.

18 Index

A

Animation der beweglichen Bauteile	129
Animation der Rotationsteile	132
Anwendungsoptionen und Zusatzmodule	8
Arbeitselemente ausblenden und zur Baugruppe zurückkehren	110
Asymmetrisches Extrudieren der ersten Skizzenkontur	98
Aufbau und Funktion des Spielzeughubschraubers	18

B

Baugruppe: Hubschrauber	84
Bauteil: Hauptrotor	53
Bauteil: Hauptrotor mit Abhängigkeiten versehen	95
Bauteil: Heckausleger aus der Baugruppe heraus erzeugen	97
Bauteil: Heckrotor	61
Bauteil: Heckrotor mit Abhängigkeiten versehen	110
Bauteil: Landegestell	45
Bauteil: Rumpf-Oberteil	37
Bauteil: Rumpf-Oberteil mit Abhängigkeiten versehen	89
Bauteil: Rumpf-Unterteil	19
Bauteil: Rumpf-Unterteil mit Abhängigkeiten versehen	86
Bauteil: Turbineneinheit	75
Bauteil: Turbineneinheit mit Abhängigkeiten versehen	94
Bauteil: Turbinengehäuse	70
Bauteil: Turbinengehäuse mit Abhängigkeiten versehen	92
Bauteile mit Farben versehen	127
Befehlsübersicht	136
Bemaßen der Linienkontur	22
Bohren mit konzentrischer Referenz	101

D

Der ViewCube	16
Die Funktionen der Maustasten	16
Die Navigationsleiste	16
Download des Bauteils: Kabine	112

E

Ecken abrunden	27
Einfügen der Schraubverbindungen	115
Einleitung	6
Einzelbenutzer-Projekt erzeugen	17
Erstellen der neuen Datei und Platzieren des ersten Bauteils	84
Erstellen der neuen Datei und Zeichnen der Basiskontur	37
Erstellen der neuen Datei und Zeichnen der ersten Kontur	70
Erstellen der neuen Datei und Zeichnen der ersten Kontur	75
Erstellen der neuen Datei und Zeichnen der ersten Konturen	53
Erstellen der neuen Datei und Zeichnen der ersten Konturen	61
Erstellen der neuen Datei und Zeichnen der ersten Skizze	45
Erstellen des Sweeping-Objektes	47
Erstellen des Sweeping-Objektes	51
Erstellen einer neuen Datei und Projizieren der Hauptachsen	19
Erstellen einer weiteren Skizze	59
Ersten Bereich mittels Erhebung erzeugen	66
Erzeugen einer Erhebung	107
Erzeugen einer neuen Arbeitsebene	72
Erzeugen einer rechteckigen Anordnung	80
Erzeugen einer Schnittmengen-Geometrie	81
Erzeugen einer versetzten Kopie der Linienkontur	25
Erzeugen eines zentralen Projektordners	7
Erzeugen neuer Arbeitsebenen und weiterer Skizzen	62
Erzeugen neuer Arbeitselemente (Achse, Ebenen)	99
Extrudieren der Basiskontur	29
Extrudieren der Basiskontur	39
Extrudieren der Subtraktionsgeometrie	32
Extrudieren der Subtraktionsgeometrie	42
Extrudieren des dritten Bereiches	68
Extrudieren des Kreises in Richtung des Volumenkörpers	60
Extrudieren einer Schnittmenge	59

F

Farbzuweisung und Rendering	127

H

Hilfedatei des Programms	7

I

Index	134
Inhalt	6

K

Konzentrisches Bohren der Zylinder	35
Kostenlose Programmversion	7

M

Material hinzufügen	33

P

Platzieren der restlichen Bauteile	85
Platzieren einer konzentrischen Bohrung	44
Platzieren einer linearen Bohrung	43
Platzieren und Positionieren des Bauteils: Kabine	112

R

Rendern der Baugruppe	127
Runden der Außenkanten	74
Runden der beiden Wellenenden	82
Runden des letzten Sweeping-Objektes	51
Runden einiger Kanten	109

S

Schließen der Kontur mittels Bogens durch drei Punkte	26
Schlusswort	133
Schraubverbindung zw. Rumpf-Unterteil und Heckausleger	120
Schraubverbindung zw. Rumpf-Unterteil und Turbinengehäuse	124
Schraubverbindung zwischen Kabine und Rumpf	115

S

Schraubverbindung zwischen Landegestell und Rumpf	122
Schraubverbindung zwischen Rumpf-Oberteil und -Unterteil	119
Setzen der Abhängigkeiten	21
Setzen der Bewegungsabhängigkeiten	129
Setzen einer Winkelabhängigkeit	131
Skizze zeichnen und Kontur extrudieren	72
Speichern der Datei	28
Spiegeln der letzten beiden geometrischen Elemente	108
Spiegeln des gesamten Volumenkörpers	52
Spiegeln des letzten Arbeitsschrittes	34
Spiegeln des Sweeping-Objektes	48
Steuerungstools und Maustasten	15
Stutzen der Zeichenobjekte	54

V

Verwendete Befehle	6
Volumenkörper durch Drehung erzeugen	71
Volumenkörper mittels Drehung erzeugen	77
Volumenkörper mittels Extrusion erzeugen	55

W

Weitere Elemente mittels runder Anordnung erzeugen	79

Z

Zeichnen der zweiten Kontur	56
Zeichnen der zweiten Skizze	46
Zeichnen einer Subtraktionsgeometrie	30
Zeichnen einer Subtraktionsgeometrie	40
Zeichnen einer zusammenhängenden Linienkontur	20
Zeichnen und Extrudieren der Anschlussgeometrie	105
Zeichnen und Extrudieren des hinteren Zylinders	100
Zeichnen und Extrudieren einer senkrechten Geometrie	102
Zeichnen und Extrudieren einer waagrechten Geometrie	104
Zeichnen und Extrudieren einer weiteren Skizze	77
Zeichnen weiterer Skizzen	49

19 Befehlsübersicht

2D-Skizzen

- Abhängigkeit Horizontal - S. 22, 38...
- Abhängigkeit Koinzident - S. 24, 39...
- Abhängigkeit Kollinear - S. 50, 76...
- Abhängigkeit Symmetr. - S. 32, 41...
- Abhängigkeit Tangential - S. 27
- Abhängigkeit Vertikal - S. 22, 38
- Automatische Bemaßung - S. 55, 62
- Bemaßung - S. 23, 24...
- Bogen durch 3 Punkte - S. 26
- Drehen - S. 57
- Ellipse - S. 62, 64
- Geometrie projizieren - S. 21, 31...
- Konstruktion - S. 64
- Kreis durch Mittelpunkt - S. 34, 42...
- Linie - S. 20, 37...
- Punkt - S. 65
- Rechteck durch 2 Punkte - S. 31, 41...
- Rundung - S. 27, 46...
- Schnittkanten proji. - S. 102, 104...
- Skizze aufschneiden - S. 33, 56...
- Spiegeln - S. 76, 104...
- Stutzen - S. 54, 106
- Versatz - S. 25

Bauteil

- 2D-Skizze erstellen - S. 30, 33...
- Abhängigkeitsableitung - S. 30
- Abhängigkeitserstellung - S. 30
- Achse durch gedrehte Fläche - S. 99
- Bohrung - S. 35, 43...
- Drehung - S. 71, 77
- Ebene (Winkel, Ebene, ...) - S. 99
- Ebene durch Versatz - S. 63, 72
- Erhebung - S. 66, 107
- Extrusion - S. 29, 32...
- Rechteckige Anordnung - S. 80
- Runde Anordung - S. 67, 80
- Rundung - S. 51, 74...
- Spiegeln - S. 35, 48...
- Sweeping - S. 49

Baugruppen

- Abhängig machen - S. 86, 88...
- Bauteil nach Abhängigkeiten bewegen - S. 132
- Bild rendern - S. 128
- Erstellen - S. 97
- Farbüberschreibung - S. 127
- Inventor Studio - S. 127
- Schraubverbindung - S. 115, 119...

Sonstige

- Anwendungsoptionen - S. 8
- Benutzeroberfläche - S. 15
- Maustasten - S. 16
- Navigationsleiste - S. 16
- Neue Datei - S. 19, 37...
- Projekt erstellen - S.
- ViewCube - S. 16
- Zusatzmodule - S. 14

www.ingramcontent.com/pod-product-compliance
Lightning Source LLC
Chambersburg PA
CBHW082205220526
45470CB00010B/3056